附圖 1 正在表演狗兒甩的拉布拉多犬，不到 1 秒鐘就能甩掉半公斤的水。拉布拉多鬆鬆的毛皮在牠甩動身體時來回拍打，放大了動作的效應並增加被釋放出來的水珠數量。所有毛茸茸的哺乳動物都會依據自己的體型來調整甩動的頻率，以得到足夠把身體甩乾所需的向心力。

附圖 2　水黽 (*Gerris remigis*) 是常見於池塘與溪流的昆蟲，藉由在水面上划動牠的腳來推進，並利用水的表面張力來支撐自己的重量。水黽的腳防水，使牠可以在摩擦力很小的情況下溜過水面。

附圖 3　水蛛腿部特寫。因為有無數細毛，要把腿部弄溼會耗費極大能量。銀色光澤的部分表示有空氣薄層被困住，顯示其防水性極高。

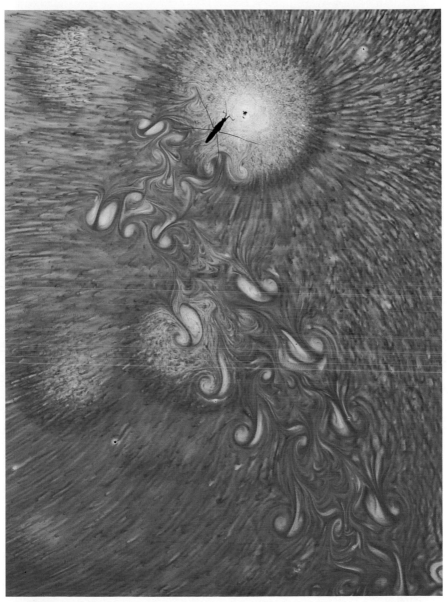

附圖 4 水黽在水面上划動,每次划動都會產生水下渦旋。在水面撒放 pH 指示染劑瑞香草酚藍,並從下方打光,渦旋就能看得一清二楚。圖像最上方有一處特別大塊的染劑,創造出陽光灑落的效果。

附圖 5 稱為「多毛類」的海生蠕蟲。蠕蟲周遭環境的泥地相當堅硬,但是牠只要來回扭動頭部,就能在前方鑽出一個裂縫,類似斧頭劈柴的原理。蠕蟲藉由製造裂縫,弱化周圍的泥巴,來向前推進。(圖片由凱莉 ‧ 多甘 (Kelly Dorgan) 提供。)

附圖 6 大象的膀胱是所有陸生動物當中最大的。牠們能以五個蓮蓬頭全開的速率排尿，在平均 21 秒的時間內，排出 19 公升、約莫等同於廚房垃圾桶容量的尿。哺乳類動物具有守恆的排尿時間，從狗到大象都差不多。

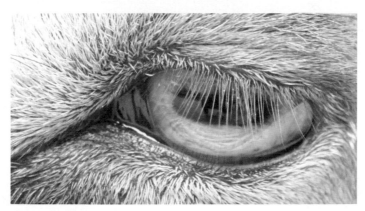

附圖 7 山羊的睫毛。山羊等哺乳類動物的睫毛可以在牠們往前走時，使迎面而來的氣流轉向。迎面而來的氣流變少了，眼睛的淚膜就能維持得更久，吸附的花粉或灰塵也比較少。

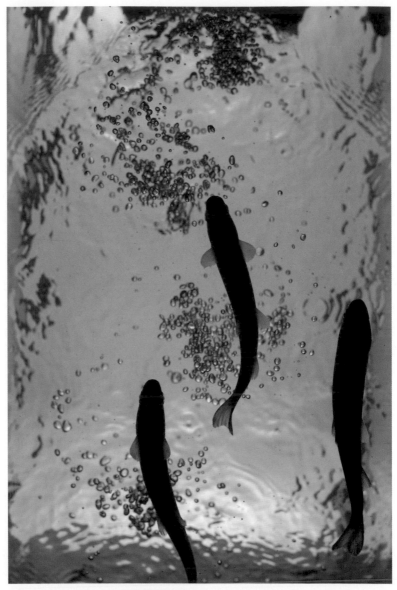

附圖 8 鱒魚迂迴地在渦旋之間移動，從周遭流體中汲取能量，以節省自己的耗能。這樣的能量轉移方式十分有效，因此死掉的鱒魚也能做到。（圖片由廖健男 (Jimmy Liao) 提供。）

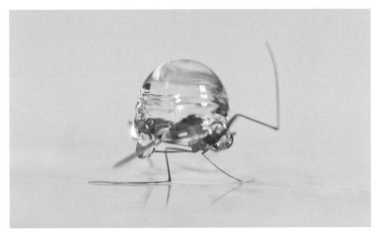

附圖 9 在我的實驗室重現蚊子飛過暴雨的情境。雖然雨滴可能是蚊子的 50 倍重，但蚊子被擊中後卻能毫髮無傷，安然逃脫。牠們能存活下來的關鍵是善用自己微小質量的優勢。因為蚊了非常輕，因此雨滴撞上去時不會減速，轉移到蚊子身上的力量也就比較小。

附圖 10 入侵紅火蟻 (*Solenopsis invicta*) 會用腳把彼此的身體連接起來，形成一艘防水的筏子。蟻筏可以像流體一樣流動，也可以像固體一樣回彈，是幫助牠們在與障礙物碰撞後仍能毫髮無傷的特質。筏子會在水上漂浮，抵達岸邊或水中冒出的植物時，便會著陸。（圖片由阿南德 • 瓦爾瑪 (Anand Varma) ／ National Geographic Creative 網站提供。）

附圖 11 慢慢被拉開的蟻群。螞蟻網絡開始分離成長條狀，有如熱呼呼的乳酪絲。蟻群表現出的流動傾向顯示牠們擁有類似流體的特性，使牠們能夠改變結構的形狀。

附圖 12 為了跨越路徑上遇到的溝壑，螞蟻可以連接彼此的身體來造橋。圖中為編織蟻，但火蟻和行軍蟻也能做到這點。依據橋上的交通流量和覓食者的需求，這座橋可以隨時改變寬度。（圖片由克里斯・瑞德 (Chris Reid) 與克里斯多福・科茲 (Christoph Kurze) 提供。）

破解動物忍術

如何水上行走與飛簷走壁？

動物運動與未來的機器人

How to Walk on Water and Climb up Walls

Animal Movement and the Robots of the Future

胡立德　David L. Hu　著

羅亞琪　譯

紀凱容　審訂

三民書局

獻給總是對我有信心的范佳

師法自然的武功祕笈：
仿生設計的永續靈感搖籃

國立中興大學物理學系副教授　紀凱容

　　我和本書作者胡立德 (David L. Hu) 教授結識於 2007 年，當時邀請他來臺灣擔任第一屆生物物理研習營的講者。2015 年，他和門生楊佩良博士探討為什麼大象和狗狗尿尿的時間一樣長的「21 秒排尿法則」研究，獲得搞笑諾貝爾獎 (Ig Nobel Prize) 的「殊榮」，而今年 (2019)，他們再度獲獎，主題是：「袋熊的便便為什麼會是立方體？」

　　這些乍看令人發噱的研究主題，其實內容同樣地令人驚豔，在學術界得到不少迴響。但是有的政治家顯然不太喜歡這麼「重口味」的研究，2016 年美國政治家評選的「最浪費國家經費的二十項科學研究」名單中，胡立德教授與他的團隊就貢獻了三項。不過這些批評並沒有打擊這個好奇又無畏的科學家，反而讓他意識到的確有必要向社會大眾（也包括那位政治家）說明為什麼動物學研究值得投資：因為能促進人類福祉。怎麼說呢？

　　自古以來的「師法自然」思維在 21 世紀有個新名字，就叫做「仿生學」(biomimicry)。倘若能破解生物生存適應的法則，就有機會突破當前科技發展的瓶頸。人類喜歡看會動的東西，也喜歡製造會動的東西，看到其他動物「異於常人」的運動能力，便想運用在機械設計上，提昇工作的效率。在機器人學與人工智慧蓬勃發展的今天，「動物如何運動」便成為當今科學界潛心探究的對象。而這本書談的，正是動物運動學與未來機器人的交會。

　　動物運動學是「生物力學」(biomechanics) 的分支，即便我們沒太多機會上正課，但這肯定是日常生活中最有感的「實驗課」：每天睜開眼睛、翻身、起床、走路、如廁、覓食……這一連串的肢體動作，都涉及力的作用。每當進行科普演講，與來自不同背景和年齡層的聽眾分享生物力學的故事時，常會得到以下的提問或回饋：

　　「如果小時候的物理課（或生物課）這麼上，我就不會那麼怕物理（生物）！」

　　「那麼多有趣（奇怪）的研究靈感怎麼來？」

　　「有沒有推薦的中文科普書？」

　　而今，《破解動物忍術：如何水上行走與飛簷走壁？動物運動與未來的機器人》這本書正好可以同時回應以上的問題與需求。

　　這不是一本科學家傳記，而是許許多多的小傳。作者將科學家的面貌從幕後移到臺前，以偵探和冒險小說的手法，帶領讀者身歷其境：喜歡釣魚的大男孩，如何成為死魚居然會游泳的發現者？離鄉背井赴美深造的印度理工學院學生，如何開始研究蟑螂，進而設計出耐壓的微型機器人，好穿梭在地震災區的瓦礫間，尋找生命跡象？邊讀邊讚嘆「小強真強！」，但同時也發現牠們還是有罩門的。剛完成水電研究的新科博士生，如何轉而玩起蛇來？這是 2007 年沒能當面問作者的問題，也在書中得到解答。作者仔細描述蛇鱗的精妙，並用滑冰來比喻蛇的運動，讓我再度卸下對蛇的恐懼，以美學和生物力學來欣賞這群神奇的動物！

　　飛蛇如何在空中「游泳」？砂魚蜥如何在流沙中穿梭自如？蚊子如何不被雨滴給撞飛？火蟻大軍又如何越獄？…… 故事情節有如偵探或冒險小說，疑惑與意外接連，直到終能破解謎題時的「啊哈～」時刻。書中有許多「史上第一回」的里程碑，也有「居然可以這樣用！」的驚嘆，另外還有諸如研究人力哪裡找、跨領域團隊怎麼合作、市面上沒有合適的儀器設備怎麼辦、如何跟怪奇動物打交道、社會有什麼資源等給本行學術人的求生指南。這些不只是有趣的動物運動學故事，也往往能解決當今的工程或醫學問題，促進人類福祉。

　　有別於其他動物運動學相關書籍，本書不以生物類群或運動模式等表象來分類，而是以所涉及的物理學原理區分章節，

這有助理解物理學在探討生物系統時的廣用性。讀者將與歷史同行，見證邁入本世紀之際「動物運動」如何開始吸引更多工程或物理學家，共同尋找節能與高效率的新方案。在受到生物啟發的同時，工程學家所提供的構想與技術，也成為復興動物運動學的轉捩點。無論是相關領域的初心者，抑或是教學、研究者，都能從書中得到啟發。

一本好的科普書是窺見新天地的一扇窗，是能引領我們從未知到著迷的啟蒙老師。對跨領域主題而言，除了內容有趣外，科學知識或概念說明的淺顯易懂，還要提供參考文獻來滿足讀者的求知慾，這些都不可或缺。這本書符合這些要件。

閱讀本書時，難免會因生活經驗的差異而影響對書中情境的想像，建議讀者直接拜訪書中科學家們的實驗室網頁，或運用關鍵字，來查看相關影像。在臺灣，市面上的動物運動學教材不多，這本書適合作為導讀，用以引起學生的興趣，也同時複習（或情境式學習）物理學的基本概念和原理。

「最美也最奇妙的無盡之形，仍持續演化中。」(…endless forms most beautiful and most wonderful have been, and are being, evolved.) 達爾文在《物種起源》一書如此作結。

因著演化出的構造與功能，萬物才得以從生存競賽中出線，其中有感官上的美與感動，也有因跨領域科學帶來的讚嘆與啟發。唯有保護生物多樣性，這本師法自然的武功祕笈，才能成為仿生設計的永續靈感搖籃。

致謝

非常感謝我的編輯艾莉森・凱莉特 (Alison Kalett)，她在 2015 年 2 月 2 日打電話給我，想找我寫這本書，並建議我把書寫完。也要感謝普林斯頓大學出版社見識廣博的專業人員，包括負責行銷的史蒂芬妮・羅哈斯 (Stephanie Rojas)、負責編輯的洛倫・布加 (Lauren Bucca)、負責文字編校的凱瑟琳・切奧費 (Kathleen Cioffi)、負責插圖的狄米崔・卡雷尼科夫 (Dimitri Karetnikov)、負責審稿的裘迪・貝德 (Jodi Beder)、負責索引的維古尼亞・林 (Virginia Ling) 以及負責公關的莎拉・亨寧－史陶特 (Sara Henning-Stout) 和凱蒂・路易斯 (Katie Lewis)。

感謝美國國家科學基金會、國軍研究辦公處、斯密格爾・瓦特基金會和喬治亞理工學院贊助我的研究，其中有部分研究被涵蓋在本書的撰述範圍內。也要謝謝同意受訪、讓自己的故事被收錄在書中的那三十位科學家，還有另外一些提供建議與評論的科學家，特別是讀完整份手稿並給予建言的傑克・索哈 (Jake Socha)。

謝謝周游美 (Youmei Zhou) 協助準備參考文獻和圖，也謝謝攝影師提姆・諾瓦克 (Tim Nowack)、坎德勒・霍布斯 (Candler Hobbs) 與布萊恩・陳 (Brian Chan) 拍了許多彩色照片。謝謝亞特蘭大動物園照料園區的貓熊、大象等動物，並協助我在過去十年來安全地進行觀察。

最後，我要特別感謝兩位匿名審稿人，他們總共提供了三十頁的評語，大大改善了本書的準確性和易讀性。

目錄

推薦序   I

致　謝   v

引　言   動物運動的世界   1

第一章   水上行走   18

第二章   沙中游泳   35

第三章   飛蛇之形   66

第四章   睫毛與鯊魚皮   97

第五章   死魚游泳   126

第六章   雨中飛行   154

第七章   大腦主宰   172

第八章   蟻群是流體還是固體？   198

結　語   動物運動學的未來   226

參考書目   240

名詞索引   249

動物運動的世界

　　我頭一次遇見我太太時，她帶著一隻名叫傑瑞的咖啡色玩具貴賓犬。那是她前男友送她的情人節禮物，也正是我下一個科學實驗的完美受試者。我花了很多時間在傑瑞的身上黏便利貼，接著用高速攝影機拍攝牠。傑瑞不怎麼喜歡這些便利貼，一直想把它們咬掉，如果便利貼黏在牠的頭頂或脖子上，牠還是有辦法可以弄掉。牠來回甩了幾次身體和頭部，讓我不禁倒退一步（附圖 1），牠的咖啡色捲毛飛了起來，連同那些便利貼一起，把塵土和跳蚤甩得到處都是。這個小招數稱作「狗兒甩」，乍看之下似乎是個沒什麼用處的蠢動作。

　　當我分析高速攝影機拍到的畫面時，發現傑瑞的狗兒甩所產生的加速度是地表重力加速度的 12 倍，比一級方程式賽車轉彎時的加速度還要大。我幫牠洗澡時，發現狗兒甩竟然可以把牠皮毛之間高達 70% 的水分甩掉，牠只需要不到 1 秒的時間就

能做到的事，我們的洗衣機卻得花上數分鐘才能辦到。狗兒甩怎麼會這麼有效？

　　於是我的學生安卓・狄克森 (Andrew Dickerson) 和我做了一個狗兒甩模擬器，那是一個會旋轉的柱體，將傑瑞的一撮毛以我們觀察到的速率進行旋轉。我們在這個旋轉架上設置了一臺攝影機，這樣就能看見狗毛旋轉時甩出的水滴，就好比我們坐在前排觀眾席上觀看水滴噴發的過程。利用狗兒甩模擬器，我們發現要移除狗毛上最小的水滴，加速度至少必須是地表重力加速度的 12 倍，正好和傑瑞所產生的加速度相符。

　　為了查明甩水能力是不是傑瑞特有的，我翻遍亞特蘭大，不只拜訪校園裡的實驗室、當地的公園，還去了亞特蘭大動物園，竭盡所能找到最多種類的動物。接下來的幾年，動物園漸漸習慣我所提出的一些怪異研究要求，例如：「我們能不能過來拍攝貓熊甩水的樣子？」最後，我們用高速攝影機拍到的動物之中，最小和最大的身體質量相差 10,000 倍，從老鼠到熊都有。熊每秒甩動身體 4 次，狗每秒 4～7 次，大鼠每秒 18 次，而小鼠則高達每秒 29 次。人類每眨一次眼，小鼠就能甩動身體 10 次以上。為什麼愈小的動物每秒甩動的次數愈多？因為體型較小的動物旋轉半徑較短，因此所產生的向心力較小，為了產生跟大型動物一樣的甩水力量，就必須轉動得更快。

　　傑瑞的主人給了我一輩子的愛和兩個完美的孩子──他們之後也不知不覺地成為我的實驗對象，在接下來的章節裡，我會告訴你更多我們一起經歷的冒險。然而這隻咖啡色的玩具貴

賓犬傑瑞功不可沒，是牠讓我拿到入場券，進入動物運動的世界——這個令我著迷不已的科學領域。

　　不同的動物看起來或許很不一樣，但是牠們全都有一個共通點：必須動才能生存。「動」這件事之所以會演化出來，有一個很簡單的原因：對能量的需求，而這是區別動物和植物的其中一點，因為植物通常是固定不動的。植物屬於「自營生物」，因為它們可以利用陽光製造出自己的食物，對植物而言，除了繁衍後代時之外，大規模的移動是不必要的。相較之下，動物是「異營生物」，得不斷尋找食物來吃才能獲取能量，植食性動物為採食而移動，掠食者則是為了捕食而移動。掠食者也好，獵物也罷，能夠迅速移動並做出反應，就是讓自己不被吃掉的方法之一。然而，若動物耗費愈多能量來移動，就需要吃得愈多來作為能量補給，因此動物在速度、節能與機動性方面經常挑戰極限。

　　動物的移動也涉及到要如何在各種環境中穿梭。我們很容易就忘了應付自然環境是多麼困難的一件事，我們可以輕輕鬆鬆地搭乘飛機飛越各種環境，或者不加思索地開車開好幾百公里。相形之下，想想鴿子，牠從甲地飛到乙地途中，可能會在空中遭遇渦旋或其他亂流，將牠吹離原本的路徑。牠所飛越的空中充滿各種障礙，像本身也可能被風吹得來回搖晃的樹枝。你或許會以為這些困難只出現在空中，但地面上的動物其實也

會遇到同樣艱困的難題。一隻從甲地前往乙地的蠑螈可能會在途中遇到樹枝、林地的枯枝落葉或是泥濘，為了把卵產在潮溼的環境，牠甚至可能需要從陸地轉換到水中。

　　不斷變動的世界會改變動物移動的條件，晝夜和季節的交替，都會使動物的移動方式跟著改變。動物必須面對下雨、雨夾雪和降雪等天氣型態。從春天開始，蜜蜂會採集花粉，從一朵花移動到下一朵花，過程中可能會完全被花粉沾裹。除了被無生命的東西所覆蓋，有時動物也必須面對和同種成員聚集在一起的狀況，想想看一群鴿子或魚簇擁的景況：牠們跟我們一樣，覓食的時候也會碰到交通阻塞。

　　從甲地移動到乙地雖然很重要，但還有另一種規模較小的移動類型，對生存來說也是同等重要。動物會將物質送進、送出身體，這是進食和產生廢物的關鍵動作。我們通常不會特別去想這些動作要如何進行，因為我們活在一個興建完善的世界，有湯匙或鏟子等設計好的現成工具可以運送物質。在大自然裡，動物是用自己身體的某些部位來處理物質，比如狗兒用柔軟的舌頭舔水，大象用靈活的長鼻子拾取水果。動物活在一個充滿壁蝨和跳蚤等寄生蟲的世界，因此理毛這個動作可能會攸關生死，對付這些寄生蟲的方法之一，就是透過動物的動作，這些動作通常運用身體部位來達成。以貓的舌頭為例，它就像一把梳子，但比梳子更強大，貓舌上布滿了大量的尖刺，刺的尖端有個 U 型凹穴能自動吸收唾液，在刺碰觸到個別毛髮時再將唾液釋出。

動物運動隨處可見，這是動物的首要處世之道，如此多樣的運動是如何產生的呢？

　　動物運動的多樣性因為同一件事而成為可能：演化。演化看似簡單，但其實是種很強大的演算法。生物會進行繁衍，複製出不完美的自己，也就是說，後代和父母長得不一樣。如果當中有些變異增進生物生存或繁衍的能力，而這些變異又可以傳遞給這些生物的後代，那麼該族群就會隨著時間演化並適應環境。這件事說起來簡單，但很少人能想像得到演化在這三十五億年來創造出多麼龐大的多樣性。

　　無論多麼怪異的動物運動，都是源自演化的過程。水上行走就是一個迷人的例子：昆蟲大約在四億年前演化出來；三億年後，陸上的昆蟲和蜘蛛開始占據水面，這次的遷徙幫助牠們躲避掠食者，以及找到新的食物來源和孵育後代的安全處所。現存最原始的水上行走昆蟲是水蟎屬 (Velia) 這個屬，長得很像牠們的祖先。牠們和許多陸生昆蟲一樣，如螞蟻般用六隻腳的腳尖行走，這個動作在水面上並不是很管用，牠們會瘋狂地動來動去，卻沒有什麼進展，好比一直在冰上打滑似的，此外，緩慢的步伐讓牠們的活動範圍限縮在靠近岸邊的地方。這些原始的水上行走昆蟲棲息在淺水處，浮萍和其他植物讓牠們有地方可以攀附，以保安全。

　　隨著時間過去，這些昆蟲的中足變得比較長，賦予牠們用腳尖行走的明顯優勢；最後，牠們的腳長到可以用來當作槳，這個新物種叫做水黽，能夠像船一樣划行，並把其他步足當作

浮筒一樣用來平衡與支撐，這樣的步法 (gait) 非常有效，因此這種昆蟲幾乎不可能徒手抓到。但反過來說，水黽因為變得太專精於水面上移動，所以在陸地上反而移動得很緩慢，笨拙地把槳一般的腳拖在身後。水黽已經回不去了，水面已經成為牠們永久棲身之所。

　　演化出水上行走能力的，不只有無脊椎動物。綠雙冠蜥是一種帶有白斑和黃色大眼的綠色蜥蜴，牠移動起來跟一般蜥蜴無異，但是受到驚嚇時，可以在水面暴衝一下子，牠用長如流蘇的腳趾來拍打水面與支撐自己的重量。同樣地，黑白相間、有著紅眼睛的西鷿鷉也能在水面上奔跑，即便牠的體重是綠雙冠蜥的 10 倍。當雄西鷿鷉做出複雜的求偶動作「急衝」時，會跑過 50 公尺的水面，以吸引雌鳥，即使已經選好配偶，雄鳥和雌鳥仍會一起在水面上奔跑，來鞏固彼此的連結。綠雙冠蜥和西鷿鷉都受到各自演化起源的限制，雖然最小型的脊椎動物跟昆蟲一樣大，但綠雙冠蜥和西鷿鷉都因具有內骨骼，使牠們太大、太重，而無法像有著外骨骼的水黽一樣能毫不費力地在水面上行走。

　　人類也無法克服自己的演化起源：我們的腳太小，以至於無法在水面上撐起自己的重量。李奧納多・達文西 (Leonardo da Vinci) 曾構思一種狀似獨木舟的浮板，用來穿在腳上，只要靠兩根尖端帶有浮標的竿子，人們就可以小心翼翼地在水上滑行。然而，即使有這樣的工具，我們也永遠不可能像綠雙冠蜥那樣在水上奔走，因為我們的肌肉無法產生足夠的功率，用夠快的

速度推動水來支撐我們的體重。演化既是福，也是禍：它讓許
多動物只擅長在特定的介質中運動，像是空氣、陸地或水裡。
比方說，演化讓我們在陸地上行走時極為節能，但在水面上行
走時卻相當彆扭；水黽則恰恰相反，牠們在水上很優雅，在陸
地上卻很笨拙。

　　動物運動並不是新的研究領域，事實上，這至少已經有
四百年的歷史了，早在我們有能夠仔細探究相關課題的儀器設
備以前，人們就很好奇動物是如何向前推進了。最早開始探究
這些問題的其中一人，便是偷偷解剖動物和人體的李奧納多‧
達文西。達文西在素描簿上不只畫了鑽床和直升機，也畫了很
多動物的解剖圖，彷彿動物也是機器。當時，有許多人相信「生
機論」(vitalism)，也就是生命體都有靈魂，雖然從來沒有人成
功觀察或測量到靈魂，但這就是讓生物有生命的原因。不過達
文西不相信這種神祕的觀點，而是運用邏輯看待世界，他認為
周遭的一切無論多麼神祕，都可以用科學方法來理解。

　　《生長與形態》(*On Growth and Form*) 一書讓數學家和非生
物學家對動物運動產生興趣。此書在 1915 年寫成，但因為第一
次世界大戰而延後到 1917 年才出版。作者達西‧湯普森 (D'Arcy
Thompson) 是一位蘇格蘭生物學家，同時也是數學生物學的先
驅，他提出的論點是：生物學家一直都不夠強調力學與物理定
律對生物形體和生長所造成的影響。他在書中用數學描述了魚

類、鳥類和哺乳動物的形狀。此書並不完美，因為湯普森並未接受達爾文 (Charles Darwin) 的天擇說，但它依然啟發了無數個世代的藝術家和科學家，讓他們開始跨學科，運用數學來描述動物的形狀。動物形態學出現了嶄新的樣貌，生物學家利用數學描述動物的形態，例如演化出長如狗魚和扁如比目魚等形狀迥異的魚類。描述這些形狀是了解動物運動的第一步，因為動物的形狀會大大地影響牠們在流體中移動時所感受到及產生出的力量。

　　生物學家持續運用力學，進而催生出「生物力學」(biomechanics) 這個以探究動物運動及形態背後的物理法則的新學科，而劍橋大學的動物學家詹姆斯・格雷爵士 (Sir James Gray) 可說是現代生物力學之父。如今，生物力學已不像當時劃分得那麼明確，因為現在這個領域也和微觀尺度的細胞生物物理學和聚焦在人類的運動生理學等課題有所重疊了，但從本書的目的來看，動物的生物力學確實是由格雷開展的。在 1930 年代，格雷進行了最早一批有關魚類和海豚游泳的研究，當他計算海豚游泳所需的功率時，赫然發現海豚應該是無法游泳的。這個矛盾的現象後來被稱作「格雷悖論」(Gray's Paradox)，持續吸引非生物學家來研究動物的運動，例如數學家詹姆斯・萊特希爾爵士 (Sir James Lighthill) 就對魚類如何藉由身體運動來迅速或節能地游泳十分有興趣。

　　新興科技讓我們可以拍攝出更清晰的動物圖像，活化了動物運動的研究。在 1930 年代，電機工程師哈羅德・埃

傑頓 (Harold Edgerton) 讓可捕捉高速運動的頻閃攝影 (strobe photography) 變得普及。數十年以來，電腦的商業化讓人們得以運用高速攝影機和電腦演算法來自動追蹤游魚及牠們身後的水流。到了數位時代，機器人學和 3D 列印等新興製造技術也有長足進展，後者是特別重要的工具，在動物運動科學家間愈來愈普遍。我們將會在第四章討論人造鯊魚鱗片時談到 3D 列印。

　　而今，學科領域間的逐漸整合是致使動物運動學研究往前邁進的重要關鍵。學習流體力學的學生熱衷於修習魚類解剖學課程；設計攀爬機器人的機器人學家會閱讀首先探究昆蟲如何抓住表面的德國生理學家的經典著作；材料科學家會將牡蠣殼等生物材料帶進實驗室，碾碎之後用顯微鏡檢視。多方顯示，其他領域的科學家愈來愈能接受生物學的技術與實務，也對生物學的興趣愈發濃厚，這些領域也反過來將新的概念構想與高科技儀器融入生物學研究中，創造出二十年前不可能會使用的科學研究方法。在我看來，這是動物運動研究的轉捩點。

　　本書的目標是要向讀者介紹動物運動的世界以及研究這個世界的科學家們，在書中我特別著重於科學家用什麼核心概念來理解動物運動的多樣性，好讓讀者知道，只要掌握幾個物理學概念，就能憑直覺來理解不少動物的形態與運動。我希望透過這本書讓人們明白，研究動物的運動可以為一些對社會具有重要意義的難題提出解決辦法，例如設計出效能更好的螺旋槳，或是發明可以照顧年長者的機器人。

　　有關動物運動學的書大部分是根據動物居住的媒介（如空氣、水、陸地）來劃分的，也有一些書是以動物的運動方式進行分類，例如行走、跳躍、游泳或飛行。我並沒有採用這些區分方式，而是聚焦在運動所涉及的物理原理上，如此就能將看似迥然不同的動物歸成同一類，這就是為什麼我把鯊魚和睫毛一起放在第四章，因為兩者都跟會影響流體行為的緻密表面結構有關。當把焦點放在物理學原理上時，我也就能將動物和機器人擺在一起，因此我將步行機器人和游魚一起放在第五章，因為兩者都藉由能量轉換來減少推進所需要的能量，換句話說，就是兩者的燃料經濟或油耗里程數都很高。然而，在這本書中我會盡量避免使用「效率」一詞，因為從工程學家的觀點，只有在動物爬坡時，效率才不會為零，惟有此時，動物才為抵抗重力而作功，在平地上以固定的速度移動其實不需要作功，因此也就不能使用效率一詞。這些說法可能違背你的直覺，但我會在第五章用牛頓定律來說明。我認為把焦點放在原理而非表象上，有助我們以嶄新而有用的觀點來思考動物運動。

　　你將會發現，這本書非常著重流體力學，也就是探討空氣和水等流體如何運動的物理學。超過 70% 的地球表面是由水構成的，因此有很多的動物已經能適應在水中運動。此外，許多動物的身體是由 70% 的水所組成的，每天都必須攝取水分，所以動物體內也有各種運作機制來促進液體在體內流動。動物也會產生液體，像是用來潤溼食物的唾液或排出廢物的尿液，我們在第三章談到特定的身體或器官形狀如何有效地驅動液體流

動時，就會討論到排尿。

　　我在安排本書架構時，也刻意在每一章放入幾位關鍵科學家的故事，我的目標是把科學發現的經歷當成推理故事來說。我在年輕時很喜歡看阿嘉莎・克莉絲蒂 (Agatha Christie) 的推理小說，因為我可以在她為每個案件鋪陳細節時，順著她的邏輯走。我也很喜歡那些讓每個案件生動起來的奇特角色，跟著這些科學家的故事走，我們也會遇到一些有意思的角色，有時這些角色可能是科學家所使用的機器，如風洞和高速攝影機，有時則是來自生物、工程和物理等不同領域的研究團隊成員。我雖力求展現科學發展背後所須具備的團隊合作，但為了說故事，往往會把聚光燈投射在主角身上。我特別選擇科學家在職涯早期所進行的研究，好讓你了解涉足新的研究領域是什麼樣子，我挑選的研究多是在 2000 年到 2018 年之間發表的，因此這些科學家當中仍有很多人還活躍於研究工作（但要看你是何時讀這本書的）。當然，關於動物運動的書若少了動物本身是不會完整的，這些角色有時不太配合，不會乖乖交出自己的祕密。

　　美國天文學家卡爾・薩根 (Carl Sagan) 曾說：「科學是一種知識體系，但更是一種思考方式。」希望隨著這幾位科學家的旅程，我可以傳達出他們是如何解決動物運動的課題。這些科學家在期刊上發表的文章都收錄在參考書目裡，但這些文章通常不會描述科學旅程的細節和找到新發現的那一刻。這方面的素材都是我在 2015 到 2017 年之間訪問這些科學家時所獲得的，也都經由科學家本人閱讀並確認過。對他們而言，科學過程包

含幾個關鍵步驟。首先，他們構思希望檢驗的想法，再將這個想法形塑成一個定義明確的研究問題。接著，他們設計出能解答這個問題的實驗，可能的話，會建造一個能測試原創概念的裝置。要取得進展，必須結合邏輯思考、團隊成員的協助、勤奮努力以及機緣巧合。他們的成功有多少是靠運氣呢？答案是：比你以為的還要少。路易‧巴斯德 (Louis Pasteur) 曾說：「在科學觀察的領域裡，機會只留給準備好的人。」我在述說發現的那一刻時會盡量放慢腳步，以便讓你看清科學家在驚呼「啊哈！」之前的邏輯步驟。發現的當下並非天才式的靈光乍現，不過是一系列有邏輯的步驟所帶出的結果而已。

在本書，以及動物運動學領域中，我們會脫離現代的生物學，因為它關注的焦點在細胞與分子層級，以及酵母、果蠅和老鼠等模式生物。人們會利用這些動物，是因為我們對牠們的了解夠多，可以進行嚴密控制的研究，反之，本書提到的那些科學家研究動物則是為了相反的理由——因為我們對牠們所知甚少。像飛蛇一定要在新加坡的雨林才能捕捉到，而不起眼的蟑螂得像寵物一樣養在實驗室裡才行。不管你覺得牠們神祕莫測還是令人作嘔，這些動物都能揭示物理原理，讓我們更了解「運動」——不只是動物的運動，也包含機器人的運動。

機器人的英文來自 "robota" 這個字，在捷克語中意為「被迫勞動者」，是捷克劇作家卡雷爾‧恰佩克 (Karel Čapek) 在1920 年發明的詞彙。自從進入電腦時代，機器人學這個領域便快速成長，機器人的工作場合也不再侷限於工廠。自動化技術

在高低不平的地形上實行起來特別困難,而這樣的地貌在我們的星球上隨處可見,就連在一般住家室內也充滿各種不同的地形,像是地毯、硬木地板、成堆的衣服和小孩子的玩具。這些地方太難預測,充滿太多障礙物,以致輪子無法順利通行,所以有些人認為足式機器人可能擁有最好的移動方式,而若要替機器人設計腳,研究動物將會有莫大的用處。

研究動物也能讓我們明白體型大小的重要性,進而影響我們設計機器的方式。從物理學的角度來看,體型大小會造成差異,當動物隨著時間成長,某些原本微不足道的力開始變得重要,比方說,大型動物無法承受跌倒的風險,因為牠們很容易就會跌傷。但若動物的體型愈小,由於尺度 (scaling) 大小所造成的物理效應,牠們的骨骼相對起來更顯強壯,這就是為何跳蚤即便跳到其體長 120 倍的高度,也不會受傷的緣故。體型小所帶來的無敵能力讓小動物得以做出更變化多端的行為,牠們天生較結實,因此即使常常撞到也不會受傷。這些與動物運動相關的基本議題也適用於機器,若能了解不同體型的動物在運動時有何差異,我們就能直覺地了解如何設計出不同大小的機器。

在這本書中,我會先從自己研究動物運動的開端談起,也就是我博士論文研究所探討的課題——「昆蟲如何在水面上行走」。對本書來說,這個主題應該是個不錯的起點,因為這類昆蟲相當常見,牠們總是悠哉地站立在池塘、湖泊和溪流的水面

上，我們平常不覺得牠們有什麼特別的，但牠們顯然是大自然的傑作之一。為了了解水黽，我學會使用高速攝影機，這個工具對研究動物運動非常重要，因為可以捕捉到那些速度快到人眼看不見的動作。我會介紹表面張力的概念，這是流體表面會趨於減小表面積的趨勢，可用以解釋水為什麼會形成水滴狀以及昆蟲在水面上行走時如何支撐自己的重量。我也會介紹表面結構的概念，來說明水黽腳上覆蓋的細毛使其得以防水的原因。在認識這些昆蟲的旅途中，我認識了一位天賦異稟的機械工程學家，他製作出一隻機器水黽。第一章為本書的其他章節鋪好了路，它先從一個關於動物運動的簡單問題開始，最後以概念驗證作結，這裡的概念驗證指的就是建造一個可在水上行走的裝置。此外，第一章也展現了動物運動學領域非常歡迎沒受過生物學訓練的人加入。

　　第二章是從我完成博士論文之後開始說起，當時我到紐約進行幾年的博士後研究工作，探討的是蛇的運動。我從中學到，固體表面之間會以意料之外的方式互動，正因這種摩擦互動，蛇才有辦法毫不費力地在地毯或其他看似均質的表面上滑行，還有一些動物可以在沙粒和土壤間滑動，好似在水中游泳般。我把這一章放在水上行走的章節之後，因為在土壤中滑動就跟在水面上行走一樣令人驚嘆。我們光要在土壤中挖幾公尺深的洞，就得花上好幾個小時，但是擁有細長、流線身形的動物卻能輕易地潛入沙土。在這一章裡，我們也會學到另一種工具——可以拍攝地底動物的 X 光高速錄影機。

　　第二章會介紹到的其中一個重要概念是「最佳性」，也

就是特定身形很適合在特定的介質中移動，例如，流線型的身體有助於動物在沙粒和泥巴中移動。第三章將更深入探討最佳性，我們會討論到三種動物，牠們擁有實現某功能的最佳身形。當然，演化的過程並非目標導向，而動物也因諸多限制而無法達到完美，因此，演化達到的是所謂的「全域最佳解」(global optimum)。然而，在我提出的案例中，我們可以發現動物十分擅長運用手上的牌。

　　在我們把鏡頭拉遠看過動物的整個形體之後，讓我們在第四章中將鏡頭拉近，來看看微小的世界。我們不太習慣觀看大型物體上的微小特徵，比方說，我們知道汽車的形狀，但我們有多常用放大鏡檢視汽車的表面？大自然和人造世界的差異就在這裡，動物是經由個別細胞增生而成長的，這個過程不只塑造出動物的整體形狀，也造就其體表的精細構造──細胞的生長讓鯊魚的體表長出細緻的鱗片，也讓你長出睫毛來保護眼睛。我會在這一章裡分別討論這些精密結構的流體動力特性。

　　動物運動的演化驅動力之一，是盡量以最高的燃料經濟性來移動，以節省能量供其他活動使用。另一方面，逃脫所採取的策略就不一樣了，此時速度最重要，例如水黽會迅速划行逃離，而魚在受到驚嚇時，則會展開 C 形啟動脫逃模式，亦即將身體彎曲成 C 形，然後像抽鞭子般快速彈動而游開。這類諸如衝刺的身體動作涉及很大的加速度，會迅速將流體運動轉換成熱。然而，節能對任何必須長途跋涉的動物來說都很重要，我會在第五章討論到使用極少能量就能移動的動物，並介紹「能

量轉換」的概念，而這正是動物運動時得以節能的主要方式。當我們走路時也會進行能量轉換：我們的腿就像單擺一樣，能將重力位能轉換成動能。魚類則將這個概念發揮到極致，牠們能從周圍環境中獲取能量，就像風箏會利用風力來移動一樣。

　　目前為止，我們尚未談到動物如何和障礙物以及環境中的其他不利條件進行互動。在人造世界裡，我們會盡量移除身旁的各種阻礙以利運輸，比方說高速公路就被設計得又平又直。相較之下，當蜜蜂飛過田野採集花粉時，會被數以千計且隨風搖曳的植物莖桿給圍繞著，牠們的解決之道令人難以置信，就是在尋找花粉途中一再地撞擊莖桿。蜜蜂的翅膀上有一個特殊的緩衝區，會像彈簧一樣儲存彈性位能，使其彎折時不致斷裂，我們在第六章也會談到昆蟲的其他防傷策略，像是蚊子如何安然度過暴風雨。

　　介紹到這裡，我只聚焦在看得見的動物適應，但在第七章，我們將談談看不見的東西——神經系統。昆蟲的飛行方式對神經系統是一大考驗，其中最困難的任務之一就是在空中保持不動，也就是懸停。果蠅要在空中懸停很難，因為牠們的身體天生就不穩定，當牠掉落時，就跟一張紙一樣，不太會筆直落下，因為牠們會被自己墜落時所產生的氣流給影響。神經系統會跟身體一起合作，將懸停或其他運動類型設定為自動控制，自動化能讓動物無須太多指令，就能具有可重複且穩定的運動，就像開車時啟動定速巡航一樣。

　　到這裡為止，我們談的都是個別動物的運動方式，這在討論獨居動物時就足夠了，但還有很多動物是群居的，這將是第

八章的討論對象。成群的椋鳥、野狼和螞蟻都是會合作的動物，合作是動物演化的關鍵創新，因為如此有利，所以一旦在某種動物中演化出來，就不會消失。我們會在這一章討論火蟻的互助合作以及 1,000 個機器人合作背後的工程學。

　　在本書的最後，我提出一些關於動物運動學未來發展的想法。我們正處在一個令人興奮的時期，無論動物運動學或相關領域的變化都正快速發生。而今，動物的身體和骨骼位置都可以用 3D 技術捕捉；科技讓機器人開始能做出栩栩如生的動作，而且體型也跟動物差不多；微製程技術讓昆蟲大小的微飛行機器人成為可能；仿蛇機器人被運用在搜救行動中；一種稱作生物混合機器人 (biohybrids) 的新型機器人雖然是由真正的老鼠肌肉組織所構成，但形狀卻長得完全不像老鼠，而像是鬼蝠魟。有這麼多令人振奮的進展正在發生中，我將在這個章節提出幾件你也可以做得到的簡單事物，讓你參與這場發現之旅，幫助他人更加了解並欣賞領會動物運動這個研究領域。

　　我希望你也跟我一樣，很興奮地鳥瞰動物運動的世界。撰寫這本書的每個章節主題改變了我，還有很多同事。德國科學家海柯・瓦勒利 (Haike Vallery) 曾經跟我說，她開始研究走路這件事之後，自己走路的速度也慢了下來，並仔細思索跨出的每一步。我希望當你閱讀每一章節時，你思考世界的方式也能發生改變。請記住，科學無關乎獲得解答，而是小心謹慎的探知，是對世界運作方式所產生的好奇心。當你開始探索動物運動的廣大世界時，請帶著這份好奇心。

第一章

水上行走

　　在平靜的池塘與河流上，有些長腳昆蟲停在水面，彷彿那也是陸地似的（附圖 2）——這些長腳昆蟲就是水黽。在這一章裡，我們要來看看牠們的運動如何啟發科學家發明出能在水上行走的機器人。從上方觀看，水黽的身體是深褐色的，狀似獨木舟，呈流線型，使牠們可以快速移動。雖然牠們大部分的時候都一動也不動地站著，但只要一察覺到有入侵者的跡象，牠們就會突然消失，自身後爆發出許多向外擴散的小水波，相當於在水面上產生音爆。為什麼我們不能站在水面上，牠們卻可以呢？

　　水黽之所以能站在水面上，是因為牠們體型小，得以善加利用表面張力，若以人類的體型來看，水的表面張力就顯得很微弱。你踏進浴缸或把吸管插進飲料的時候並不會多想，可是水黽非常小、非常輕，因此那些對你而言微不足道的力，卻會

對牠們造成舉足輕重的影響。再說得明確一點，牠們可以利用
表面張力，也就是水分子間的吸引力。要將水分子拉開或增加
水的表面積，都需要能量。正因為表面張力的作用，泡泡才會
是圓的，好盡量減少表面積。同時，水黽的體重只有 10 毫克，
相當於三顆芝麻重，雖足以讓水面產生彎曲形變，卻不會穿透
水面。表面張力撐起水黽的體重，就像彈跳床撐起你的重量一
樣（圖 1.1）。因為「尺度」所造成的物理效應，水黽跟我們像
是活在不同的世界裡，簡單來說，當力作用在某一個動物身上
時，結果會因為動物的體型大小而有所差異。本書會一再談到
這個原則，但是尺度效應對小型動物的影響特別顯著。

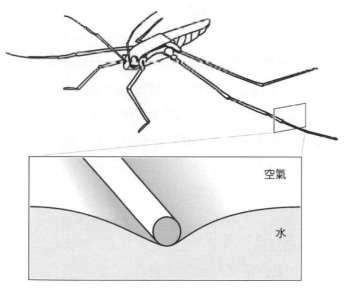

圖 1.1　這張簡圖描繪了水黽站在水面上的樣子。水的表面張力撐起水黽
的重量，讓水面像彈跳床一樣變形。放大圖顯示水黽圓柱形的腳壓迫了水
的表面。

　　如果要像水黽一樣在水上行走，體重是水黽百萬倍的你就必須要有長達 10 公里的腳，才能被表面張力撐起。從來沒有人製造出那麼大的腳，但確實有人試圖做出和獨木舟一樣大的鞋子，靠浮力（亦即讓船不至於沉沒的同一股力量）撐起。當腳下有浮力作用時，常會使人做出笨拙的動作。在一年一度的競賽中，當學生把小船穿在腳上，並試圖在水上行走時，最好的前進表現是進兩步，退一步。

　　約翰·布希 (John Bush) 是最先將水黽介紹給我的人，他是一位數學家，也是當時在世界上探討表面張力驅使流體運動的專家之一。在 2001 年秋季，我修了他的流體力學導論課程，學生要在期末交出自己設計的專題。有一天，我到他的辦公室找他，他從架上拿出一本書，指著其中一頁，裡面寫道水黽寶寶應該是無法在水上移動的。他很確定這是錯的，並建議我以此做為期末專題的主題，設法釐清水黽寶寶如何讓自己向前推進。追捕水黽、了解牠們的運動方式聽起來不像在做研究，好像是件有趣的事。

　　親眼看見水黽跟在書中讀到水黽完全不一樣。跟住在同宿舍的一群人一起到瓦爾登湖野餐時，我用網子捕捉水黽，並將牠們放在溼紙巾上，再放進我裝午餐用的三明治便當盒裡。回到約翰的實驗室後，我將水黽丟進一個裝滿水的水族缸中，牠們就像羽毛般落在水面上。牠們站在水上，用長長的腳來打理自己，摩擦的動作好似在演奏小提琴。

　　我可以從玻璃水族缸的下方看見牠們的腳（附圖 3），牠們看起來就像一艘艘附有六支槳的小船漂浮在水上。當這些槳

放在水面上時，周圍包覆著銀色的空氣層，像鑽石般反射出光
線；如果你把自己的手浸入水中，並不會看見這種閃閃發光的
空氣層。水黽之所以能夠捕捉空氣層，是因為牠們擁有世上最
毛茸茸的腳，每平方毫米就有 10,000 根細毛，密度是人類頭髮
的 100 萬倍；除此之外，每根細毛上都有許多溝槽，使其更具
防水功效。水黽腳上的細毛稱作微毛 (trichia)，最先是由法國和
丹麥的自然學家在 1950 年代所提出。在 2004 年，中國化學家
將脂肪類的化學物質沉積到光滑的石英纖維上，製造出合成的
水黽腳，他們所合成的腳可以提供水黽站立時所需的支撐力，
但是滑行或跳躍所需的力量更大，所以支撐不住。由此可知，
水黽腳上的細毛具有加強防水效果的重要功能。

　　水黽腳上帶有的華麗細節有什麼功用雖然還有爭議，但有
件事是確定的：因為這些細毛增加了腳的表面積，才得以讓水黽
保持乾燥。這是物體表面的一項有趣特性：利用碎形或其他類型
的圖樣，就可以無限地增加物體的表面積。這麼大的表面積如果
覆上蠟質的防水塗層，碰到水的腳就不會被弄溼。仔細看看水黽
站在水面上的腳，就會發現水只停留在細毛的尖端，無法穿透毛
間的小溝槽，也因此，水黽藉由站在空氣上來停在水面上。

　　水黽腳上的空氣層賦予牠們很了不起的能力，讓牠們可以
在水面上滑行很長的距離，彷彿在溜冰一樣，這項能力讓水黽
獲得一個別名——池塘溜冰者 (pond skater)。成年水黽只要划一
下腳，每秒鐘就能滑行 50 倍體長的距離，相當於人類在 1 秒鐘
就完成百米衝刺。在高速划動腳之後，牠們可以毫不費力地滑

行大於 10 倍體長的距離。要讓牠們滑行很簡單：朝著水黽吹一口氣就行了。如同空氣曲棍球桌上的圓盤，水黽好像可以一直滑啊滑的。但如果水黽這麼會滑，最初是怎麼開始移動的呢？所需的初始靜摩擦力是從哪裡來的？第一個提出這個問題的人是史丹佛大學的生物學家馬克‧丹尼 (Mark Denny)，他在 1993 年一本有關生物力學的書中寫到了這個課題，並得到一個驚人的結論——他無法解釋水黽是怎麼驅動自己的。

馬克提出一個想法，認為水面的狀態會隨著被推動的方式而改變。當水黽滑行時，水面就像亞麻地板一樣平滑；然而，當牠的腳往後划時，水面就會像彈跳床一樣起皺褶，來阻抗牠的腳部動作。馬克認為，這種阻力來自水黽身後所產生的波，足以將水黽向前推進。

馬克的波驅動 (wave-based propulsion) 理論對那些較大的水黽來說或許管用，但對水黽寶寶是不是同樣適用卻是有疑慮的。流體力學的觀點是，動物的腳必須動得夠快，才能產生表面波，若要維持等速直線運動，至少要達到每秒 23 公分的速度才行，這樣的速度夠慢，在浴缸或泳池內就能進行實驗。若把手指插入水中，像小船一樣地推動水，移動的速度必須比這還要快，才有辦法產生波。成年水黽的腳雖然有 1 公分那麼長，但體型只有 1/10 的水黽寶寶腳長只接近 1 毫米，若水黽寶寶想達到足以產生波的速度，必須讓腳達到每秒 1,000 轉以上的轉速才行，等於比我們踩腳踏車的速率還快 500 倍。要達到這樣的速度，水黽寶寶非常有可能受傷。水黽寶寶如何運動的問題後來就以

馬克・丹尼命名，被稱作丹尼悖論 (Denny's Paradox)。

　　丹尼悖論以及認為水黽必須要靠波才能移動的這個想法傳遍了各地的科學社群。在紐約州波啟普夕市的瓦薩學院，生物學家羅伯特・書特 (Robert Suter) 研究的是水蛛，牠們是水黽的粗腳表親。書特觀察到，水蛛在水面上移動時也會產生波，就連單獨一隻掛在水洞流水中的水蛛腳，也會在尾流中產生波。史丹佛大學的數學家也計算出水黽腳所產生的波場 (wave field)，於是愈來愈多的數學家與生物學家接受水黽必須依靠波才能在水面運動的想法。可是，當愈多的科學家接受丹尼的波驅動理論，丹尼悖論就愈是令人匪夷所思。

　　我雖然已經為約翰・布希的課程專題拍了一些水黽的照片，但還是無法解開丹尼悖論。要解決這個悖論，必須靠團隊合作和一些高科技設備，我們才能更清楚地看見水黽的腳到底做了什麼。我和同學布萊恩・陳 (Brian Chan) 組成團隊，他是一位機械工程師，對建造機器水黽這件事躍躍欲試。約翰很滿意我在課堂上的表現，因此把他地下實驗室——也就是麻省理工學院應用數學實驗室——的密碼鎖給了我，在這裡，數學家會用不同種類的液體進行實驗。實驗室裡有許多攝影機，有好幾個架子上擺滿了奇形怪狀、能讓液體流過的透明器皿。就這樣，我同時有了博士論文指導教授和可以做研究的地方，展開了我流體力學的學習生涯。

　　如今水黽已經抓到實驗室了，我們接著從校園另一端的埃傑頓中心借了高速攝影機來。我們拍攝到的第一批水黽高速影

片展現的世界跟用肉眼看到的十分不一樣，一次完整的划水動作只需要 1/100 秒，眨一次眼的時間，水黽就可以划 30 下了。透過高速攝影機，我們看到水黽用中足大力划動，讓身體向前衝上空中。和馬克・丹尼猜測的一樣，水黽身後的水面確實像彈跳床般起了皺褶。

　　丹尼悖論告訴我們，我們所看見的彈跳床皺褶絕不可能是水黽前進的唯一驅動力，水黽顯然也從其他地方獲得推進力，但是從哪裡獲得的呢？我們要先來談談「流場可視化」(flow visualization) 的概念，也就是運用粒子或染料來闡明流體運動的方法。這個技術可以回溯到數百年前，當時為了將鴿子飛行時周圍的流場視覺化，會把鋸木屑拋向空中，鴿子飛過時，掉落的鋸木屑會形成渦旋。這個實驗的作法是讓大部分的液體保持透明，並將追蹤粒子 (tracers) 放在想觀察的區域，若要研究水黽，我們就要離動作發生的地方近一點，也就是水面。約翰知道有一個方法可以顯現渦旋的影響，那就是使用瑞香草酚藍（或稱百里酚藍）這種化學物質。瑞香草酚藍是一種 pH 指示染劑，最初是用在化學實驗中，以顯示化學反應是否已完成。過去我們未曾聽說有人把瑞香草酚藍用在動物身上，但是有何不可？

　　我們開始在實驗室使用瑞香草酚藍來顯現出水黽腳划動時所產生的水流。首先，我們在水中溶入看起來像冰糖的氫氧化鈉顆粒，使水呈現鹼性，然後把水黽放在水面上，並用小孩子描圖所用的那種燈箱從水底打光。接著，我們用手指灑下染料，就好像在灑奧勒岡香草，有時，幾片染料落在水黽身上，牠們

就會把身體刷乾淨，彷彿彈掉的是落下的片片雪花。染料落在
水面上，水就會爆出帶有少許黃色的深藍色；當我們輕吹水黽，
牠們就會開始划動，而染料便開始描繪出牠們身後的尾流（圖
1.2；附圖4）。

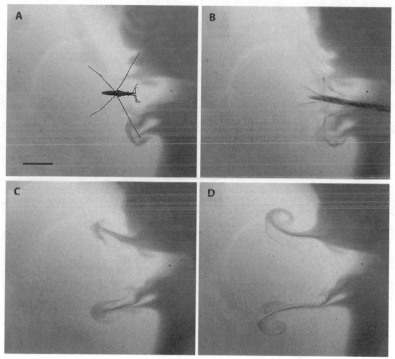

圖1.2 水黽製造的渦旋。水黽用腳划過一塊被染色的區域，划動的動作
產生一對噴射水流，進而捲成一對染過色的雙極渦旋。數秒鐘後，半球狀
的渦旋因為黏滯效應而慢慢停了下來。

在瑞香草酚藍的協助下，我們看到水黽製造的波紋只是划動的短暫呈現，波紋一出現就消失了，但真正吸引我們目光的，是每一隻腳後面出現的蝴蝶狀雙極渦旋。簡單來說，渦旋是流體中產生旋轉的區域，就像你用湯匙攪拌咖啡所產生的現象。雙極渦旋則是由划槳動作所產生的，形狀類似蝴蝶酥。我們發現，就連水黽寶寶也能夠製造渦旋，而這些渦旋的存在解決了丹尼悖論。我們測量了渦旋的大小和速度，發現渦旋的動量跟水黽的一樣，原來水黽和魚一樣，藉由將流體往後推才有辦法前進。

將流體往後推才得以前進的動物必定得滿足「動量守恆定律」。想像一隻拍動翅膀讓自己停在半空中的蜂鳥，若想在空中定住不動，牠非得持續把氣流往下推送才行；如果牠沒這麼做，就會立刻往下掉。由於空氣非常輕，密度是水的 1/1000，所以蜂鳥一定要非常快速地把氣流往下推。被推下去的空氣具有特定的動量，是其質量與速度的乘積。把空氣往下推的動量變化率必須等於蜂鳥的體重，牠才得以懸停在空中。直升機也用同樣的原理運作：旋翼會推動空氣使其加速，從而增加動量，接著盡可能頻繁地將氣流往下推。

魚要往前游動，也一定要遵守動量守恆。魚向前游動時，會擺動魚鰭和魚尾來製造出近似魚本身大小並向後移動的尾流──動量守恆迫使尾流移動的方向跟魚相反。尾流的形式往往與所使用的運動模式有關：尾鰭會製造出一系列像鎖鏈般相連的渦旋；低速飛行的鳥每次振翅都會產生一個渦旋，因此會形成像菸圈般連續的渦環；在水面上奔跑的綠雙冠蜥所製造的

尾流由向後下方移動的渦旋所組成，以同時支撐重量並產生推進力。渦旋的產生是許多水中動物運動的正字標記，然而水黽生活在水面上，而不是水中，可能就是基於這個原因，在約翰‧布希之前都沒有人懷疑過水黽也能製造渦旋。水黽雖然端坐在水面上，但是也跟鳥類、魚類和蜥蜴一樣，是會製造渦旋推動自身前進的動物之一。

　　如果你曾看過水黽，或許會很驚訝牠能製造出跟西瓜籽一樣大的渦旋。水黽就像一個把槳片鋸斷、只用兩根細竿子划船的槳手，牠腳的直徑只有所產生的渦旋的 1/50，這麼細的腳怎能推動水流？答案就是表面張力，但它以微妙的方式出現。當水黽坐在水面上時，會產生因水面變形而出現的凹處，這些凹處看起來就像以水黽腳尖為中心的小小的放大鏡。水黽划動牠的腳時，凹處依然存在，這些充滿空氣但靠著表面張力拉攏的凹處就像槳片一樣，可以用來承接、推動更多水，比單憑細長的腳所能承接、推動的水還要多，因此，水黽把腳當成槳桿、凹處當成槳片。這樣的解釋如此漂亮，以致難以置信，所以我們必須親自試驗才行。

　　時序從秋天進入冬天，再也無法在戶外找到水黽，但我的同學布萊恩已對牠們有些痴迷。某天，我們在走廊上聊天，他從夾克口袋裡拿出隨身攜帶的破爛筆記本，給我看他畫的圖。他寫了許多數學方程式，並畫了各種形狀和大小的水黽在水面上的樣子。

　　建造機器水黽 (Robostrider) 最困難的部分是，你必須讓它夠輕盈，才能在水上保持平衡。這是很難達到的條件，遠遠超過大多數機器人的能力。全世界最有名的人型機器人之一，就是日本汽車大廠本田 (Honda) 開發的步行機器人 ASIMO，它身高約 120 公分，體重 54 公斤。鋼鐵很重，而由金屬、鉛以及液態化學物質組成的電池更重，相較之下，水黽一般只有迴紋針的 1/100 重。

　　還有一線希望。我們曾經在書中看到，世界上最大的水黽為海南巨黽蝽 (*Gigantometra gigas*)，這種巨大的池塘溜冰者只有在中國和越南的雨林中被拍到幾次，而且從來沒有被人工飼養過。這種水黽看起來和一般的水黽無異，但體型差很多：其體長為一般水黽的 3 倍，腳長將近 30 公分，體重 1 公克，跟一個迴紋針一樣重。一般的水黽太輕了，布萊恩無法仿造，但是巨黽蝽剛剛好在可行範圍內。

　　當我們在討論該用什麼材料建造機械水黽時，布萊恩正好在喝一罐汽水。我們在工程學的課堂上學過，最輕、最便宜的金屬之一就是鋁，和汽水罐的材料一樣。事實上，多年來為了削減成本所進行的材料微調，已經使汽水罐變成同樣重量的物體中最堅固的材質之一。汽水罐的厚度雖然跟人類的頭髮一樣，只有 1/10 毫米這麼薄，但卻非常堅固，若很小心地站在空罐上，是有機會不將它踩扁的，但如果你用手指輕彈罐壁，罐子就會遭遇所謂的「歐拉挫曲」(Euler buckling) 而立刻塌陷，這是薄壁結構帶來的風險。汽水罐是項工程奇蹟，不過最終還是會變成人們眼中的垃圾，然而對布萊恩而言可不是這樣，他喝完最

後一口汽水，用水把罐子沖乾淨，接著走到機械加工場。

　　布萊恩在機械加工場工作，就好像在家做三明治一樣，所有的東西他都知道放在哪裡，並以悠閒的姿態走來走去。首先，他將汽水罐的兩端剪開，再把它壓扁成又薄又亮的長方形，接著將其中一部分切掉，再用鉗子把鋁片拗成 U 字形來做強化，這就成了機器水黽的身體。他在身體的四個角各鑽了一個小洞，以便插入不鏽鋼鐵絲並把它們彎成支撐水黽體重的腳，然後又剪了兩根更長的鐵絲，好作為驅動水黽的腳。不過，這些腳都要先等機器水黽的其他部位可以成功浮在水面上後再裝上了。

　　康乃爾大學的機械工程學家安迪・魯伊納 (Andy Ruina) 曾說，機器人的堅固程度可以用機器人和製造者之間的距離來度量。當我們第一次把機器水黽放在水面上時，我們就像直升機父母般盯著它不放。這個裝置雖然只有 0.3 公克重，是迴紋針的1/3，但在放到水面上時要非常緩慢才行，只要動作一快，機器水黽就會穿透水面，立刻下沉。在布萊恩清理工作區的金屬碎屑時，我弄了一個小測試區，並從它底下打光，這樣就能清楚看見水中的波紋了。布萊恩把機器水黽的身體放在水面上，它就浮在那兒，被房裡的微風吹得左右搖晃。我想起國小時曾學過怎麼讓迴紋針浮在水上，而現在，我們要在這個高科技的迴紋針上安裝馬達了。

　　布萊恩走向車床，這個長得像火箭引擎的裝置可以把棒子變成螺絲釘，就像做晚餐時給紅蘿蔔削皮那般。他把堅硬的塑膠棒鎖進車床的夾具，塑膠棒的材質跟吉他彈片和拉鍊的材質

一樣，在前後移動車床的切割工具幾分鐘之後，他將機器關掉，而塑膠棒已經變成巧克力豆大小的滑輪了。他將長長的鐵絲插入滑輪並穿過機器水黽的頭部，接著將鐵絲彎成兩支槳，像飛機的機翼般從機器水黽的兩側伸出（圖 1.3）。

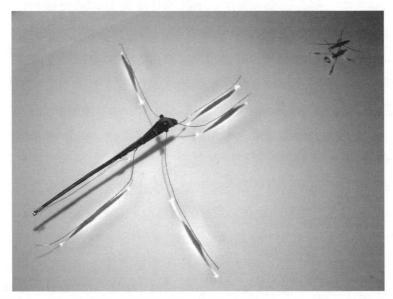

圖 1.3　機器水黽遇上真正的水黽。機器水黽長 9 公分、重 0.35 公克，身體比例和成年水黽一樣。它的腳是由不鏽鋼鐵絲所構成，具排水性；身體則由輕量的鋁製成。機器水黽的驅動裝置是一條穿過整個身體的彈性線，透過滑輪連接到負責驅動身體的那對腳。

　　機器水黽的動力來源是最難設計的部位，這個部位必須要輕才行。飛機的機身愈重，機翼就必須愈長，才能產生足夠的升力，同樣地，若水黽愈重，腳就必須愈長，才能在水面上撐

起牠的重量。大部分的工程師這時候就會放棄,而布萊恩一開始也被難住了。

隔天早上,布萊恩在穿衣服時突然靈光乍現:他要用運動襪來驅動機器水黽。現今的運動襪是個當代奇蹟,這些襪子被設計得非常輕,卻又能夠牢牢包住腳而不會滑下來。之所以能做到這點,全是靠精準設計而成的聚合棉,這種聚合棉是經過紡織工程師、化學家和材料科學家多年的努力所研發出來的,這些襪子正是我們所需要的東西。布萊恩用鑷子把襪子拆開,從鬆緊帶的部位挑出一條線,把這根彈性線繫在機器水黽後面,接著小心地將它繞過驅動中足的塑膠滑輪。整個概念很簡單——結合了簡易的發條玩具和又小又輕的水黽公仔。

布萊恩把機器水黽組裝好後,他小心地轉動水黽的腳來上緊發條,並用手指繼續抓著不放開。他小心翼翼地將水黽放在水面上,摒住呼吸,看看我,然後鬆開手。我們看到幾個漣漪和一連串模糊不清的動作,機器水黽輕輕向前滑行了一個身長的距離後,仍好端端地漂在水面上。我們發出一陣歡呼,接著開始蒐集錄影設備,準備記錄它下一次在水上行走的動作,就像拍攝真正的水黽一樣,我們需要高速攝影機。人類的眼睛眨一次會花 1/3 秒,而我們用每秒 1,000 張的速度來拍攝,比人眨眼的動作快 300 倍。透過高速攝影機,我們看見機器水黽在水面上行走時確實不會穿透水的表面,這是世界上第一艘乾式划艇,可以在不被弄溼的情況下移動。

　　自從機器水黽踏出第一步後，數年來，愈來愈多複雜的機器人被設計出來，可以在水面上走路、奔跑，甚至跳躍。因為微製程技術的進展，科學家可以使用雷射和光束在平坦的材質上製造出微小的圖紋，這類機器人才得以被創造出來。我們可以在平整的金屬薄片上刻出小溝槽，使其像立體書一樣開闊；有隻機器水黽甚至可以在水面上跳得跟真正的水黽一樣高，也就是身體長度的 10 倍，相當於人類跳到三層樓的高度。水黽能夠在水上跳躍而不至於踏破水面，要歸功於牠們毛茸茸又有彈性的腳，這些富有彈性的腳可以緩衝降落時施加於水面上的力，和水黽有個很細的槳一樣，這也是一個非常不直覺的概念。我們所使用的槳向來都是硬梆梆的，並靠寬闊的槳片來增加與水的接觸面積，水黽卻是採用相反的解決方案：使用又細又有彈性的槳來避免穿破水面。這麼一來，水面就能保持完好，並且支撐水黽的體重了。演化提供了看似不直覺卻非常有效的解決方案，這將是本書會反覆提及的主軸概念之一。

　　今日，水黽和其他昆蟲的相關研究已經引起計算流體力學專家的關注，這些科學家擅長使用電腦來預測流體的運動和過程中所涉及的力。水黽讓他們遇到了難題，因為水面形成的邊界會隨著時間移動和變形，必須隨時掌握流體中各點的壓力和水面的形狀，而水黽腳上的無數細毛也讓數值模擬變得困難重重。

　　引起化學家和材料科學家注意的抗水生物不只有水黽而已，還有其他生物會用同個概念做發揮：運用粗糙表面來防水。在我們 2003 年發表關於水黽的研究之前，這些能夠防水的生

物引起了不小的騷動。1997 年，德國植物學家威廉·巴斯洛特 (Wilhelm Barthlott) 和克里斯多福·奈胡司 (Christoph Neinhuis) 發現，荷葉表面布滿了覆有蠟質的小圓凸點，當塵土停留在凸點上時，雨水就會像絨布刷一樣輕易地把髒汙帶走，使葉面清潔溜溜。這種能力稱作自潔能力，也使得荷葉成為佛教徒心目中純潔的象徵。防水——或稱「超疏水」——的塗料被發明出來，這些塗料除了有一顆顆模仿荷葉上凸點的小珠子外，還有模仿凸點上蠟質層的油性物質。這類塗料可以被用在汽車的擋風玻璃上來防止水滴附著，並讓水滴像彈珠般滾落。但這些塗料有個缺點，因為環境中的汙染物會在不知不覺間造成「積垢」(fouling)，因此效果短暫；另一個缺點是，當受到物理性損害時，這些塗料會被刮掉。在 2012 年，麻省理工學院的機械工程師戴維·史密斯 (Dave Smith) 和克里帕·瓦拉納西 (Kripa Varanasi) 為這些缺點提出一個較持久的解決辦法，他們在粗糙不平的表面上塗了食用油，讓番茄醬等非常黏稠的液體可以流動，而不會黏附在瓶子內壁。

　　真正能抵禦戶外嚴苛條件的永久抗水方案尚未問世。為遏止民眾在公共場所小便，建築物外牆被塗上了防水塗料，其隔尿效果極佳，被稱作是「會尿回來的塗漆」。然而，因為積垢和物理性損害的緣故，這些塗料必須經常重新塗刷。

　　怪的是，水黽似乎沒有積垢的問題。露水和霧氣出現時，很可能會在水黽腳上的細毛間形成小水滴，而讓腳失去隔水效果。但水黽經常像蟋蟀一樣摩擦腳，腳上的細毛會彼此上下摩

擦而變得彎折，便像彈弓一樣把水滴給噴射出去了。也就是說，水黽腳上的細毛不僅防水，還能用來清除水滴，這種具有自潔能力的防水表面解決了積垢的問題。

我在研究水黽時，曾帶約翰的一位朋友參觀實驗室。他是科朗數學研究所（隸屬於紐約大學的獨立機構）應用數學實驗室的負責人──數學家麥可・雪萊 (Mike Shelley)。當時，麥可剛為秀麗隱桿線蟲 (*C. elegans*) 的運動建好數學模型；這種小蟲透過把身體擺動成波浪狀來前進，科學家們拿這些蟲來進行老化和阿茲海默症等醫學研究。他說，他的數學模型或許也能應用在較大型的動物上，我們聊到，有很多動物都是以這種方式移動的，從蛇到各類蠕蟲。這些動物和水黽一樣無所不在，但要解釋牠們是怎麼移動的卻不容易，我對此十分好奇，因此在麥可的邀請下，便前往紐約市探索蛇的運動了。

第二章

沙中游泳

　　一名八歲女孩在長島鐵路的火車座位上前後踢著腳。我招招手，叫她過來，指指我的冬-季夾克，接著慢慢拉下拉鍊。有十條蛇窩在我的外套裡取暖，分叉的蛇信來回擺動著。小朋友尖叫了一聲，跑回正在打盹的媽媽身邊。她大叫：「那個男的外套裡都是蛇！」母親咕噥一聲，沒有睜開眼睛，叫小女孩繼續乖乖睡覺。火車內的暖氣尚未運轉起來，我擔心蛇沒有我的體溫會凍死。後來我從我的生物學家朋友那裡得知，蛇在寒冷的環境中不會有事，只是會不舒服而已。這些蛇帶我進入彎曲、長而有彈性的動物的世界，那是 2006 年的事。該年稍早，我得到了麻省理工學院的博士學位，接著來到紐約大學研究蛇的運動。我住在隸屬於紐約大學的一間套房，靠近格林威治村，周圍有不少店家，但沒什麼地方賣我負擔得起的蛇。為了展開我的實驗，我坐火車到長島，前往在一間中學體育館內舉辦的爬

蟲類博覽會。在那裡，你可以買到在郊區的地下室養殖的蛇，但只能用現金購買，而且不能退貨。我在那遇見紐約市的「鼠販」，他會開著一輛沒有任何標記的貨車，配送一袋袋新鮮冷凍的老鼠給整個曼哈頓將近一千戶養蛇的人家。我的蛇還不餓，但我知道回曼哈頓不久後，牠們就會餓了。

　　坐車回去的路上，這些蛇幫我做了全身馬殺雞。回到我的套房後，我小心地將所有的蛇拿下來，像襪子一樣一條一條排放在床上。牠們閃閃發亮，看起來好像是溼的——即便蛇很「黏滑」是常見的迷思——但摸起來其實很乾。我花了幾分鐘的時間純粹欣賞牠們在近距離時看起來有多美。玉米蛇是茶色的，帶有黑白斑點，就像玉米穗上的玉米粒，牠們個性溫馴，移動緩慢，願意纏繞我的手指，而不會想逃跑。園丁蛇是綠黑相間，紋理看起來就像花園用的水管，牠們比較膽小，移動身體時就像在抽搐，如果受到驚嚇就會釋出麝香。我還帶了兩條巨蚺回來，其中一條長180公分、重9公斤，名叫胡迪尼。幾天後，胡迪尼逃出玻璃飼養缸，就這樣消失了。我找遍整間套房，猜想牠大概是從開著的窗戶爬出去，進入下水道了。一個月後，當我在穿衣服時，才發現原來胡迪尼躲在內衣褲抽屜裡冬眠。胡迪尼和我買的其他蛇只占了大自然中所有蛇類的一小部分：細盲蛇可以將全身放在一枚二十五美分的硬幣（大小相當於新臺幣十元硬幣）上；而網紋蟒則可長到9公尺長，相當於三層樓的高度，超過兩千種蛇棲息在森林和沙漠，幾乎遍布各大陸。我很想看看所有的蛇，但現在，有三種蛇住在我的套房我就很滿足了。

　　我曾在雜誌上看過蛇，但從來沒有真的把蛇放在手心過。我發現握著一條蛇是種很刺激的感官體驗，牠會纏住我的手腕、手掌和手指，不斷調整位置，好讓自己不掉落。看著牠們的動作令人眩目，而要預測牠們的走向也很困難。貓和狗等動物可以跑得很快，當想要轉彎時，則必須為了克服慣性而施力，相較之下，蛇不需要煞車，牠們可以立刻啟動或停下來。蛇似乎整個身體都在施力，就像一條連續不斷的腿，想纏繞什麼就纏繞什麼。牠們移動的方式和我們很不一樣。

　　關於蛇的運動，最早的研究是在 1930 年代初發表的。荷蘭、美國與英國的生物學家──包括華特·摩梭爾 (Walter Mosauer) 和詹姆斯·格雷──認為蛇會推開身體周圍的石頭，靠石頭作為側腹部的推進點。蛇推過一顆又一顆的石頭，藉此向前滑行，身體的每一個部位都像高山滑雪者在定位杆間迴轉。這個概念似乎很合理，可是有很多環境是沒有推進點的，像花崗岩、平坦的岩石、沙漠和柏油路都相對沒有起伏，當蛇到了那些環境，要推什麼呢？

　　為了解蛇是如何在沒有推進點的情況下移動，我在套房裡追著牠們跑。我發現，蛇可以輕鬆滑過地毯，但是在平滑的表面上卻只能胡亂扭動（圖 2.1）。傳說中，泰姬瑪哈陵在設計上運用光滑大理石地板的原因是蛇無法輕易在這些地方滑動。我不禁好奇，地毯為什麼能讓牠們順利滑行？但蛇動得太快了，我看不出牠們是怎麼動的。

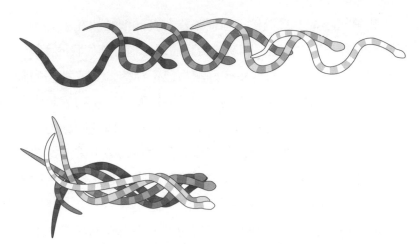

圖 2.1　一條蛇在兩種不同的表面上滑行的多重曝光成像（上圖為地毯，下圖為木地板）。在這兩種表面上，蛇會以相同頻率和波長來扭動身體，但只有在粗糙的表面上，蛇才有辦法前進。

　　我希望蛇能定住不動，因此便用具有昏迷效果的氣體——異氟醚，讓牠們打個小盹。睡著的蛇就像一條軟趴趴的繩索，和那個緊緊抓附著你、一直往你手臂上爬的生物非常不一樣。蛇一動也不動之後（當然身體還是會輕微上下起伏），我開始進行摩擦係數（抵抗滑行的程度）的實驗。我在實驗室裡找到一塊舊的告示板，用圖釘把一大張綠色的棉布固定在上面，拿它來進行所有的實驗。我輕輕把蛇放在棉布上，接著慢慢抬高告示板的一端，使其變成一塊傾斜的平面（圖 2.2）。板子如果抬高得夠慢，在特定的角度時（比如說 5 度），蛇就會從斜坡上滑下來，像一團雪從車子的擋風玻璃上滑下一般。這個實驗聽起來很簡單，卻提供了有用的資訊：蛇正好滑落時的斜坡角

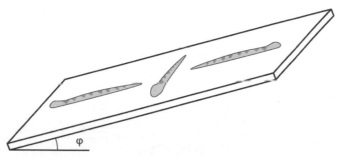

圖 2.2 用來測量蛇的摩擦係數的傾斜面裝置。我們讓蛇暫時沉睡，以不同的方向把牠放在傾斜面上，接著緩緩傾斜這個平面，並記錄蛇開始往下滑的傾角。

度可以用數學式寫進「靜摩擦係數」項中，這個數字描述了蛇固有的抗滑程度，蛇若能在愈大的坡度角停住不下滑，就表示牠的抗滑程度愈大。做實驗時蛇一定要睡著，因為清醒的蛇會感覺到斜坡的變動，因此開闔身上的鱗片，就像你開闔活動百葉窗那樣，進而延遲下滑的角度，直到斜坡傾斜將近 40 度，這就是蛇能爬上樹幹的原因。我很喜歡這個實驗，因為它的結果很穩定：透過這個實驗所得到的數據重複性相當好。我第一次做類似的實驗是在小學時，當時我學到了所有的材質，不管是玻璃或木材，都有自己的摩擦係數。唯一的差別是，當時我不需要擔心實驗對象會醒過來。

蛇在滑行時會扭成 S 形，並將身體滑向不同方向（圖 2.3）。當蛇往後推時，地面就會將牠往前推；摩擦係數愈高，施加在蛇身上的力也就愈大。因此，要探討蛇的運動，重點就在掌握牠把身體推向哪些方向，只要把整條蛇想像成冰刀就對了。要

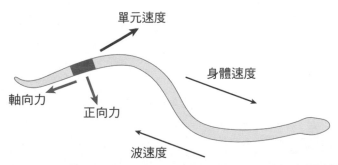

單元速度

身體速度

軸向力

正向力

波速度

圖 2.3 蛇扭動身體時，會產生施加在小單元的反作用力，如圖中深灰色的部位。這些力可被分解成與作用單元垂直的正向力，以及和其平行的軸向力，向前的正向力總和必須大於往後的軸向力總和，蛇的身體才能前進。換句話說，蛇向側邊推動就能克服拖行身體的摩擦力。

預測蛇會往哪個方向移動，我得測量牠在各個方向上的抗滑程度，接著便能計算出施加在蛇身上的總推進力了。我把蛇以不同的方向放在斜坡上，接著改變傾斜角度，直到蛇開始滑下，以此來測量出蛇的抗滑能力。我發現當蛇以頭朝下的姿勢滑下，阻力是最小的：身體在這樣的方向時，蛇在斜坡角度不到 5 度時就開始滑下了。相較之下，若蛇被擺成頭朝上或側向的姿勢時，抗滑能力就比較好：側著放時，我必須將斜坡抬到 10 度角以上，蛇才會滑下來。這種因運動方向不同導致摩擦係數不同的特性，叫做摩擦力的「各向異性」(anisotropy)。這個特性幫助蛇往上爬，而這歸因於蛇腹部鱗片的排列方式，你若把蛇翻過身，就能看見蛇腹上的鱗片了（圖 2.4）。玉米蛇的腹部鱗片呈現鋸齒狀，就像交疊的百葉窗片。當我用手滑過鱗片，在某個方向上會感覺鱗片很平滑，但如果反方向摸過去，手就會被

鱗片的邊緣卡到。蛇滑行時往側腹部施加推力，便能將抗滑的阻力轉變成推進力，就跟我們走路時把自己往前推一樣：鞋子的摩擦力必須要大，才能在腳推開地面時產生抓地力。

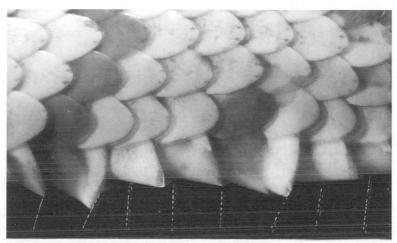

圖 2.4 玉米蛇交疊的腹部鱗片跟一列塑膠棒之間的互動狀況。蛇的鱗片有個重要的功能：它們會卡到地面上的粗糙物，讓蛇在夠粗糙和柔軟的表面上有偏好的滑行方向。

在使用麥可的蠕蟲數學模型時，我結合了錄下來的滑行影片和蛇鱗片的摩擦特性。麥可寫了電腦程式來計算蛇的運動，並在螢幕上顯示蛇的動作看起來是什麼樣子。假設電腦所模擬的蛇擁有在各個方向都相同的表面摩擦特性，它就會像在一塊亞麻地板上一樣原地扭動；唯有在它擁有「各向異性」的摩擦特性時，才會向前移動，就像在一塊地毯或其他有紋理的表面上一樣。這一切都和我的實驗相符。

　　我和麥可・雪萊開心慶祝，但同時也注意到一個小問題，那就是電腦模擬出的蛇移動速度只有真正的蛇的一半。我原本以為鱗片就是蛇能夠移動的主因，但是不知為何，這並非事情的全貌。我繼續觀察我套房裡的那些蛇，讓牠們在地板上滑來滑去並從各種不同的角度反覆觀察牠們。時間漸漸過去，我開始精神萎靡，最後終於累得倒在地板上，我躺在那兒看著蛇，還看到沙發下多得驚人的灰塵。一條蛇滑過我身旁，我注意到牠腹部底下閃爍著光芒，我知道蛇在進行蛇行動作時，會將腹部的某些部分整個抬起，像螺旋鑽一樣，但是我之前認為抬起身體這樣的動作只限於蛇行。後來，我把蛇放在明膠上做實驗，在偏振光的照射下明膠可以當作一種壓力感測器（圖 2.5）。這些明膠實驗顯示，滑行中的蛇就算只把部分身體抬離地面一點點，還是能調整體重的分布。在那當下，我的腦袋轉個不停，因為發現在應用麥可的電腦模型時，我完全搞錯了：我假設蛇在滑行時，是把整個身體均勻地壓在地面上。

　　我衝下樓，跑到對街的科朗數學研究所，興奮地告訴麥可這個想法。在電腦上試驗了幾次後，我發現只要稍微調整一下體重分布，就能找回大部分消失的速度。蛇做的事就跟我們走路時做的事一樣：我們會抬起要往前邁進的那隻腳，而不是把它在地上拖行。我發現只要把蛇身 S 形曲線的峰處和谷處輪流抬離地面，就能使滑行的速度加倍，並降低移動時的能量耗損。抬高身體能有這麼驚人的效果，原因是摩擦力在蛇的運動中所扮演的雙重角色。摩擦力是雙面刃：既可以讓蛇減速，也可以

圖 2.5　玉米蛇滑過具有光彈性特質的明膠。當蛇給予推力時，會拉伸明膠中的長分子鏈，讓偏振光得以通過。發光的區域表示受力最強的地方，這顯示蛇對地面施加的力並不均勻一致。蛇在滑行時不是均勻地把身體壓在地面上，而是會抬起局部身體，以增加速度和燃料經濟性。

令牠加速，端視該身體部位朝哪個方向移動。更明確地說，蛇的身體所形成的峰和谷並不會提供任何推進力，因為這些部位主要往側向推動，只會增加阻力，讓蛇慢下來。如果蛇想要減少阻力，就必須把這些部位抬離地面，這麼做，和地面接觸的點就只剩下蛇的反曲點，也就是 S 形曲線的中心，蛇往前滑行時，只有這些點是被向後推的。因此，它們就像溜冰時提供推動力的那隻腳，當蛇對反曲點施加更多的力，就會像溜冰時用力推其中一隻腳那樣，把自己往前推。因此，若要往前移動，蛇就一定要把身體所產生的波往後送。蛇的運動方式和溜冰間的相似處不止於此：如果我改變電腦模擬的蛇的滑行啟動方向，

就能讓它倒退，就像溜冰者一樣。同樣的摩擦係數可以導致前
進或後退，而這取決於波移動的方向。

　　美國軍隊使用悍馬車或坦克等擁有大車輪或履帶的車輛，
盡可能增加和地面的接觸面積，以避免下沉。然而，和整輛車
的大小相比，輪子接觸地面的面積其實很小。相較之下，沒有
附肢的動物則是使用又長又彎的全身體表面積來驅動，如此大
的接觸表面讓這些動物到得了有輪子的車輛所到達不了的地
方。地球上的每一塊大陸幾乎都找得到蛇，牠們會游泳、會爬
樹，有些甚至還能從一棵樹滑翔到另一棵樹。還有一些像蠕蟲
這類沒有腳的動物能翻動世界各地的泥巴和土壤，讓這些地方
透氣。就連植物的根部也呈現又長又迂迴的形狀，以便穿越土
壤和繞過地底下的岩石。

　　機器人專家愈來愈明白製造又長又柔軟的機器人所能帶來
的好處。類蛇機器人可以爬到樹上拍攝偵察影片或者傳送訊號，
可以在門縫間或水管裡穿梭；受到蛇的啟發而創造出來的醫療機
器人也開始進入人體內難以到達的部位。人體有許多器官是由堅
硬的肋骨所保護著，因此若要進行開心手術，就必須把這些肋骨
鋸斷並用力打開。腹腔鏡微創手術是另一個選擇：醫生會在體腔
上打個小洞，把又長又可彎曲的機器手臂送進去，靠著控制桿來
做出切割和縫合的動作。使用這類機器人，術後復原的速度會快
很多。醫療機器人目前的設計是，當機器手臂穿過皮膚和碰到體

內的器官時，會提供觸覺回饋到使用者的控制桿。

　　我們認為這類又長又彎曲的動物是「高度冗餘」(hyper-redundant) 的設計，因為牠們有非常多重複的骨頭和肌肉。一條蛇可能會有數百個脊椎骨，但人類只有 33 個。大量的脊椎骨讓蛇可以形成又長又彎的曲線，讓身體的每一個部位都能接觸地面並產生力。這樣的設計讓動物擁有非常多變化的功能，比方說蛇可以站立在尾巴上，一邊保持平衡一邊準備爬樹；也可以用尾部纏住樹枝，像懸臂一樣把身體伸過半空，跨越樹枝與樹枝之間的空隙。

　　我們前面所討論的是在物體表面上的運動，然而，動物也能在泥巴和沙子這類的流動物質間移動，這些動物被稱為鑽洞動物，牠們移動物質的方式和我們用鑽掘機移動大量物質來挖出火車隧道的方式不同，如此高產量的表現來自相當精密的工程設計。藉由觀察鑽洞動物，我們就能學著製造出小型的手持鑽洞機，進到從地面上無法到達的地方，進行偵察或測量土壤的局部特性。動物能夠很有效率地鑽洞，祕訣就在把全身當成一個工具來使用。我們在下一則有關蠕蟲的故事中會看到，又長又彎的身體既可拿來當作鏟子，也可作為鑿子來使用，讓蠕蟲可以找到物質中的弱點，並加以利用。

　　現在是退潮期，緬因大學的博士生凱莉・多甘 (Kelly Dorgan) 大步踏過厄齊康郡一個小漁村的泥灘。她感覺自己就像

一隻陷在布丁裡的蒼蠅，踏出每一步時都得費力地抬起腳上的靴子，泥巴發出吸住靴子的聲響。她那隻黑色拉布拉多犬羅希也走得很艱辛，狗掌覆滿了泥濘。遠處有幾個人影零星地分散在海岸線，他們是厄齊康郡的抓蟲人，這些人頭髮斑白，下巴布滿白色短髭，正彎下腰對著泥巴劈砍。周遭一帶看起來了無生氣，但是凱莉和抓蟲人知道事實不是這樣。

　　她腳下的泥地深處有一座繁忙的城市，光是短短 1.6 公里的海岸線，就藏有 7 噸重的海生蠕蟲，也就是擁有許多剛毛的環節動物「多毛綱」(Polychaetes)。多毛綱是泥灘的園丁、清潔工兼看管者，牠們會吃生物遺骸，還會耕耘泥地來為細菌和其他居住在泥地裡的生物通氣。不像人類世界的農夫，多毛綱從來不休假，牠們是泥灘生態的基石，對其他生物來說不可或缺。達爾文在他的最後一本著作《蠕蟲如何形成腐植土》(*The Formation of Vegetable Mould through the Action of Worms*) 中說到，若沒有蠕蟲，生態系將迅速瓦解。蠕蟲雖然如此重要，卻是祕密地進行牠們的工作。當我們撿起一塊石頭，牠們就立刻躲起來了。

　　我們住在一個明亮的世界，若要從甲地到達乙地，只要用走的就好了，我們還可以自由地抬手踢腳。但蠕蟲住在完全相反的世界，又黑又溼，四面八方都被厚重的泥巴給包圍著。雖然非常擁擠，蠕蟲還是得不斷往前移動，好尋找食物、空氣、和水。但蠕蟲究竟如何在泥巴中移動一直是個謎團，直到凱莉・多甘在 2007 年針對這個主題完成她的博士論文，答案才揭曉。在那之前，生物學家預設蠕蟲鑽過土壤的路是吃出來的，就像

牠們會邊吃邊鑽過一顆蘋果那樣，土壤會從嘴巴進去，再從肛門出來。這個說法的問題是，土壤有很多種，而且很多都相當硬，蠕蟲怎麼能鑽過這麼多不同種類的土壤？

　　凱莉還在念小學時，就開始對蚯蚓、蟲子和各種黏滑的東西產生興趣。她小時候在維吉尼亞州的約克鎮長大，會在當地抓螯蝦、和牠們玩，有時還把牠們當寵物飼養。高中老師帶她認識了海生蠕蟲，她馬上就著迷不已，吸引她的主因是牠們種類與數量繁多，這對她來說就表示這些蠕蟲比其他動物還重要，但是，幾乎所有人都不太注意牠們，而且還對牠們有所誤解。她大學時進入加利福尼亞大學聖塔克魯茲分校就讀，認識了各式各樣的海洋無脊椎動物，並對海牛蠕蟲（附圖5）特別感興趣。海生蠕蟲身體柔軟、沒有外在保護，而且還是亮紅色的，如果沒有躲好，就會成為海鳥的免費大餐。凱莉憑著海鳥不會的幾個招數，來找到這些蠕蟲。

　　當凱莉走過泥灘時，一手提著水桶，一手拿著園藝用的乾草叉，一走到對的地方，便彎下腰開始用叉子迅速地劈砍泥巴，就像抓蟲人先前教她的那樣。泥巴十分細緻，有著明膠的質地，很容易就劈開了。只要一看到蠕蟲的紅色尾巴，她就趕緊趁牠鑽進泥巴前抓住牠。蠕蟲跟她的食指一樣長，全身覆滿柔軟的小刺，彷彿穿著一件萬聖節的毛氈服裝。她把蠕蟲丟進水桶，蠕蟲繼續在桶子裡快速蠕動著。羅希在她身後吠叫表示支持，並跟著幫忙找蟲，但大部分的時間其實只是在擋路。

半小時內，凱莉就已經收集到 37 條蟲，接著走回實驗室，那裡已經有好幾個放滿人造泥巴的水槽，她花了數週時間才調製出那些泥巴。用天然泥巴來做實驗的問題是它不透明，為了觀察蠕蟲，凱莉必須製造出和真實泥巴特性一樣的透明泥巴。年紀輕輕就開始玩泥巴團的她知道，調整水的含量和沉積物的類型，就可以製造出不同稠度的泥巴。多年來，廚師也善加利用這一點來料理美食，創造出各種質地與柔軟度的口感，結果是，你可以在網路上買到不少食品級凝膠，如吉利丁和洋菜，還有各式各樣聽起來很詭異但非常普遍的增稠劑，像是紅藻膠、聚葡甘露糖、褐藻酸鹽和三仙膠，只要仔細看包裝，就會發現大部分的加工食品都有這些成分。把這些凝膠混合在一起，凱莉就能仿製出不同地點與季節的泥巴狀態。為了測量人造泥巴的柔軟度，她用力感測器來壓泥巴，就像我們捏一捏桃子看它熟了沒有一樣。

凱莉的凝膠混合物可以分成兩大類：乳液狀的泥巴和硬梆梆的泥巴，前者含有很多水分，後者則水分很少。乳液狀的泥巴就像剛做好的泥巴團，壓的時候很容易變形；反之，硬梆梆的泥巴就像放在太陽底下晒很久的泥巴團，很容易拗成兩半，每一半都像藍紋乳酪一樣會在手中碎裂。

凱莉從硬梆梆的泥巴開始實驗。她做了一加侖的硬泥巴，裝在一個鞋盒大小的水族箱裡，用實驗鉗在泥巴表面開一個裂縫，再用鑷子小心地將一條蟲放進裂縫中。沒多久，蠕蟲開始鑽進去了，牠在洞口來回扭動頭部，把裂縫開得更大了（圖 2.6）。隨著裂縫愈開愈深，蠕蟲的身體也愈鑽愈裡面，不久，牠的整個身體都在地底下了。

圖 2.6　海生蠕蟲沙蠶 (*Nereis virens*) 鑽過模擬泥巴沉積物的明膠。蠕蟲製造出一個裂縫狀洞穴，可以很容易從裂縫尖端把洞擴大。若使用偏振光照射，就能看到明膠所受的力，圖中明亮的區域就是洞穴尖端應力最大的地方。（圖片由凱莉‧多甘提供。）

　　這隻蠕蟲的運動行為和生物學家原先的認知有很大的差異，事實上，蠕蟲的動作非常專業。凱莉之後發現，蠕蟲利用了泥巴的特性，運用最少的能量來前進，這稱作「裂縫擴張推進法」(propulsion by crack propagation)，我們至今尚未發明出深諳此道的機器。想像一下，你想切一塊從冷凍庫裡拿出來的乳酪蛋糕，如果跟我一樣，可能會拿一把剁肉刀不斷砍它，直到砍成兩半為止──但你同時可能也把流理臺給砍壞了，就跟我某次發生的狀況一樣。另一方面，蠕蟲所採取的策略是先鑽出一個小凹痕，接著不斷扭來扭去，把凹痕的邊緣往四面八方推。我試過了，這個方法對冷凍的乳酪蛋糕也很有用，但這招為何這麼有效？

　　蠕蟲的策略是利用堅硬材質的一項特性，此特性是在一次世界大戰期間被發現的。戰爭期間，飛機和坦克是由鋼鐵和玻璃等高強度材料所建造的，但怪的是，實際應用上，這些材料並沒有非常堅固，在負載不及預期的 1/100 時就斷裂了，跟以分子鍵強度來估算出的強度有落差。是什麼造成這明顯的弱點？在 1920 年，英國航空工程師亞倫・阿諾德・格里菲斯 (Alan Arnold Griffith) 利用玻璃做實驗，解開了這個謎團。他用光滑的玻璃執行實驗，在上面刻一個非常小的凹痕，這些凹痕是讓玻璃出現裂縫的人為手法。格里菲斯以不同大小的凹痕來進行斷裂實驗，並觀察到驚人的現象：凹痕若超過特定長度（之後被稱作格里菲斯長度 (Griffin length)），玻璃就必定會斷裂，而且只需施加非常小的力就辦到了。裂縫會造成玻璃破掉，是因為裂縫的尖端處在非常大的應力下。他的實驗說明了為什麼可以用很小的力就把玻璃弄破。想要展現同樣的原理，你可以將一張紙往兩邊拉，看看是否能把它撕開，結果會發現紙很堅固。但如果你在紙張上緣的正中央先撕開一個小口，就能很容易把整張紙撕開。格里菲斯的發現促使飛機設計師捨棄了當時流行的製造技術，例如會使材料出現小裂縫的冷軋 [1]；反之，他們改為打磨金屬，以移除裂痕。材料的強度增加，最終促成更大型的飛機被製造出來，像是波音 727，其全懸臂式機翼是由單片金

1　冷軋：軋製為一種金屬加工方式，通過一對滾輪使金屬材料塑形，以獲得所需的截面形狀。依軋製過程的溫度是否高於金屬再結晶溫度，可分為熱軋及冷軋。

屬一體成形製成——在機翼中使用桁架[2]的時代已經結束了。

　　裂縫是材料的致命弱點，而蠕蟲就是利用這一點，來鑽過比自己的身體還堅硬許多的泥巴。蠕蟲就好比是斧頭的頭，木頭一旦出現裂痕，就很容易被斧頭劈開。不過在某些情況下，裂縫擴張法還是行不通。試想一隻蠕蟲被夾在泥巴和水族箱壁之間，當牠扭動頭部時，堅硬的箱壁會產生反作用力，因此沿著牆壁移動時所需施加的徑向力，是在離牆很遠處移動所需的力的 10 倍。

　　接下來，凱莉改用乳液狀的泥巴來進行實驗，但此時，蠕蟲使用的裂縫策略就不管用了。就像你想靠著扭動刀子來切開鮮奶油一樣，這類材質太柔軟了，以至於在裂開前就會變形。但是蠕蟲有備用方案：牠會盡其所能地把身體膨脹到最大，推擠牠在柔軟的泥巴中所製造的小洞，這個動作會使牠固定住。接著，蠕蟲會暫停一下，或許是在深呼吸吧！然後，牠把頭推進凹洞，從嘴巴吹出一根像派對上常用的那種吹捲，這所謂的吹捲其實是蟲子的喉嚨，可以從體內外翻並伸出來。這根派對吹捲推開泥巴，使蠕蟲面前出現一條裂縫，很類似蚯蚓在土壤中移動的方式。由於泥巴非常柔軟近似乳液，這條裂縫短到幾乎看不見，不像在硬梆梆的泥巴裡清晰可見的長裂痕。裂縫形成後，蠕蟲便向前移動，並再次固定住自己。蠕蟲前進得很慢，移動的距離可從吹了幾次咽喉來估量。

2　桁架：由桿狀部件以端點相接成三角形的配置所組成的支撐結構。

科學家已經描述超過 15,000 種的多毛綱動物，並估計還有 30,000 種存在於這個世界上。這些動物相當多樣：有些會游泳，有些會鑽洞，有些甚至擁有像是植物的能力，可以生根進入堅硬的材質中。在 2002 年，有一類會「吃骨頭」的多毛綱物種「食骨蠕蟲屬」(*Osedax*) 在海面下將近 3 公里的腐敗鯨魚骨之中被發現。食骨蠕蟲沒有嘴巴也沒有肛門，是用一種複雜的根系進食，就像樹一樣。這些根會分泌酸性物質來蝕入骨頭，而住在這些根裡的細菌可以消化骨頭深處的脂肪。食骨蠕蟲和其他蠕蟲在海床上的碳回收過程中扮演十分重要的角色，多毛綱能將這種有機質轉變成二氧化碳和營養物質，這些產物最終會回到水面上，讓稱作浮游植物的小型海藻用來進行光合作用，若沒有這關鍵的環節，生態系就會崩解。不幸的是，全球暖化和其他人為活動讓為數不少的多毛綱不斷消失。凱莉是世界上僅有的兩百名研究多毛綱的科學家之一，目標是要解開牠們位於泥巴底下的祕密世界。

凱莉的多毛綱動物在潮溼、不是會斷裂就是會像鮮奶油一樣變形的泥巴世界裡移動。泥灘之外的地方也有很多土壤，雖然潮溼程度可能沒那麼高，沙漠就是一例，有很多生物住在那裡。我們人類會走過沙丘，但有許多動物則在沙底下的冰涼世界裡移動。

「我聽說你有一隻能在沙子底下游泳的蜥蜴。」加利福尼亞大學柏克萊分校的博士後研究員丹・高德曼 (Dan Goldman)

說。他正站在柏克萊脊椎動物學博物館的兩棲爬蟲類學家泰德・帕本法斯 (Ted Papenfuss) 的辦公室門口，泰德招手請他進去。在 2001 年的伊朗之旅，泰德遇見了住在沙漠中的阿拉伯遊牧民族貝都因人，他們在帳篷裡招待他吃一種放在炭火上烤、名叫砂魚 (sandfish) 的神祕珍饈。現在，泰德的辦公桌上就有一隻活生生的砂魚住在玻璃水族缸裡，由發熱燈照明。水族缸有一半填滿了沙子，除了砂魚上一餐所留下的一些昆蟲腳和殘骸之外，整個箱子看起來空無一物。泰德從旁邊的一個箱子裡抓了一隻蟋蟀丟進去，蟋蟀在沙子上走來走去，傳送到下方的振動可以被砂魚偵測到。毫無預警的情況下，靠近蟋蟀的一團沙子動了一下，一隻砂魚跳了出來，用下頜咬住蟋蟀。砂魚原來根本不是魚！而是一隻帶有黃色斑紋的石龍子（蜥蜴的一種），和人類的手掌差不多長（圖 2.7）。牠不斷甩頭來摔打蟋蟀，好甩掉抓住蟋蟀時一起咬到的沙子，接著，牠用下頜咬了蟋蟀數次，發出很大的斷裂聲。丹驚異不已。泰德告訴他，牠們進食完畢後就會消失在沙裡，幾乎不可能抓得到。果然，泰德一把手伸進去，砂魚蜥 (Scincus scincus) 就潛回沙中，彷彿憑空消失一般。他用手指耙過沙子，突然間，一團沙抽動了一下，泰德接著盲目地去抓那堆沙，不知怎地竟拉出一條扭來扭去的尾巴。他將不斷扭動的砂魚蜥遞給丹，被捧著的砂魚蜥不再掙扎，轉到一側，一隻眼睛瞥向丹。

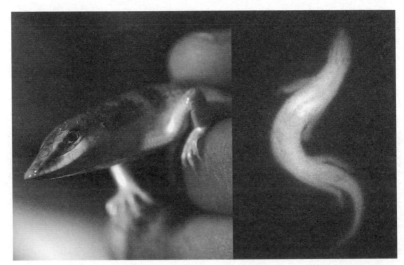

圖 2.7　　（左）砂魚蜥會使用鏟狀的吻部在沙子底下游泳。（右）高速 X
光影像顯示這隻 10 公分長的砂魚蜥如何在沙子裡「游泳」，砂魚蜥並非
使用四肢，而是靠波浪狀扭動身軀的方式向前推進。（圖片由丹‧高德
曼提供。）

　　一般蜥蜴的身體長得就像義式麵包，側腹是圓的，而砂魚
蜥的身體則有四個角，就像一輛公車，兩側完全是平坦的。丹
之後發現，這些特徵是為了幫助砂魚蜥減少在沙子底下游泳時
的阻力。事實上，砂魚蜥呼吸時，側腹不會像一般的動物那樣
擴張，而是只有胸部會擴大。泰德說：「我們對於牠是如何移
動的，幾乎一無所知。」這讓丹非常感興趣。

　　吸引丹注意的不是砂魚蜥，而是砂魚蜥鑽過的沙子。在其
他人眼中，沙子或許很單純，但丹知道沒什麼比沙子更複雜的
了。丹的博士學位是在德州大學奧斯汀分校取得，攻讀的是顆
粒體物理學 (granular physics)，他知道沙是眾多「顆粒體物質」

(granular materials) 的一種，所謂的顆粒體，包含由個別的乾燥粒狀物、棒狀物或其他堅硬物體所組成的物質，例如沙子、雪、樹枝，乃至於雞塊。當沙子流動時，沙粒會像撞球一樣互相撞擊，能量會因摩擦力而消耗，這個行為在某種意義上來說，使沙子同時具備物質三態——氣態、液態和固態——的特性。

雪是顆粒體物質的例子之一。雪可以覆蓋山頂，也可能毫無預警地突然崩落，這是因為雪在滑落的雪堆與山脈邊緣間的邊界變成了流體，但在崩到山腳後，雪又會再次變回固體。水就無法做出這麼多狀態的行為，如果看見河川流到一半突然靜止，接著又開始流動，我們一定會非常驚愕。19 和 20 世紀的力學（物理學的一個分支）把焦點放在可以彎曲、斷裂的固態物質，以及可以排開、流動的液態物質上；但在 21 世紀，力學探討的焦點部分轉移到複雜的物質上，例如泥巴和優格等非牛頓流體 (non-Newtonian fluid)，以及沙子等顆粒體物質，這些都展現了物質的多相行為。

丹離開泰德的辦公室後，腦中不斷重播砂魚蜥潛入沙中的動作。他猜想，既然砂魚蜥這麼難抓，恐怕不只會潛入沙中，還能在沙中移動。砂魚蜥在地表之下是如何推進的呢？是像鼴鼠一樣建造隧道、在隧道中移動的嗎？還是像游蛙泳一樣，用前肢推開沙子來前進的？要為這些假說蒐集證據很難，因為沙子是不透明的。除非把沙子移開，否則我們看不穿沙子，但若把沙子移開，又會干擾我們當初希望觀測的系統，因此，丹必須找到一個辦法，既能看穿沙子，又不必碰沙子。

　　自從 1930 年代起，飛機製造產業也一直試著要解決同一個
問題。飛機一天要飛行數次，而機翼在這當中會承受很大的力，
導致材料老化。整架飛機必須定期檢查是否有損害，檢查的速
度要快，卻又得仔細、徹底。在 1980 年代，技師會使用 X 光來
穿透機翼，尋找從外部看不見的裂縫和鏽蝕。航空 X 光實驗室
(Aircraft X-ray Laboratories) 是使用這項技術的其中一間公司，
位於柏克萊南邊 16 公里處。丹問泰德能否商借砂魚蜥，接著便
把牠帶去照 X 光。

　　觀看砂魚蜥的 X 光影像，就像在觀看鬼魅一樣（圖 2.7）。
在 X 光下，砂魚蜥的身體不見了，能看到的只有沙中的一塊空
洞。這是 X 光的本質所致，X 光是一種能量足以穿透固體的光束，
然而，物體的密度愈高，X 光愈不易穿透。砂魚蜥的身體大部分
由水所組成，而周遭則幾乎是沙。由於沙的密度比水高，因此，
砂魚蜥周遭的沙子看起來是不透明的，我們能在 X 光影片上看到
的，就只有一個蜥蜴形狀的空洞在表面下鑽來鑽去。在 X 光的照
射下，丹雖然看得見砂魚蜥的位置，但是影像品質並沒有好到可
以看清楚牠的腳在做些什麼。他後來到喬治亞理工學院當助理教
授，建置了一個解析度更高的 X 光攝影機。他和他的學生萊恩‧
馬拉登 (Ryan Maladen) 買了一臺舊的牙醫 X 光攝影機，並將整個
地下室的牆壁和天花板用鉛包住，以防止 X 光洩漏。他們穿上鉛
衣，每次打開 X 光都只會開一下子，以免傷害到砂魚蜥。

　　丹和萊恩建置了幾個新設備，專門設計來測試沙中的運動。
有了適當的儀器對測量運動的效能有莫大的幫助，我在後續的

章節會討論到，每種動物都有最適合的專屬「測試臺」：魚在水洞中、鳥在風洞中、用腳運動的動物則在測力板上被拍攝。這些設備都有一個共通點：讓該運動介質的特定條件具有可重複性。水洞和風洞形成均勻一致的流場，創造出有如一塊空白石版的介質。但要如何在沙中創造可重複的測試條件呢？

丹在德州大學奧斯汀分校念研究所時，他的指導教授哈里・史溫尼 (Harry Swinney) 帶他去找另一位擅長流體化床[3]的教授。流體化床會讓沙子冒泡，漂浮到一股向上氣流的頂端，這個現象是德國化學家弗里茨・溫克勒 (Fritz Winkler) 在 1922 年時意外發現的，當時的他正試圖讓煤磚接觸氣體，使其轉換成氣態，以便能更容易地運輸到住家。溫克勒的流體化床是由一桶煤構成，底下是一個多孔性的濾器，並有一個風扇將空氣吹過濾器。如果空氣通過的速度不快，便會從煤磚間的孔隙穿過；但如果打氣的速度夠快，每塊煤磚所承受的空氣動力將足以使其飄浮，結果就是一團互相撞擊的飄浮顆粒，處於一種稱作流體化的狀態，這適用於任何顆粒體物質。這對溫克勒來說很有用，因為流體化狀態會藉由送進來的氣體增加與每一塊煤磚的接觸面積，進而增加反應速率。現在，流體化床也被應用在食品工業，因為冷空氣可以加速凍結豌豆和蝦子等食品。

多年後，丹想到流體化床正是研究砂魚蜥的好工具。只要靠幾陣空氣脈衝，丹就能調控顆粒的密集程度，就好比你可以

3　流體化床：利用由下而上的流體通過固體顆粒層，使固體顆粒呈現類似流體行為的反應裝置。

把一盒乾的燕麥片搖一搖來重整燕麥片一樣。但流體化沙床有個問題，那就是每次啟動它，就會有大量沙塵被釋放，讓人有如置身在沙塵暴中。天然的沙粒有大有小，顆粒會互相摩擦，形成更細的粉末狀顆粒。要解決這個問題，只要將沙子換成較大的顆粒物質就行了。他已經知道砂魚蜥可以在任何顆粒物質中游泳，像是罌粟籽、玻璃珠或任何大到 1 公分的顆粒，都會誘使砂魚蜥潛入。最後，他決定使用 3 毫米大的玻璃珠來進行實驗，和小顆的北非小米差不多大。這些顆粒夠小，可以讓砂魚蜥做出自然的行為；但又夠大，不至於造成沙塵。

　　在一床長 30 公分、深數公分的迷人玻璃珠上，有個關住砂魚蜥的圍欄。圍欄的門一打開，砂魚蜥就馬上衝出來，潛入沙中。X 光影片顯示，砂魚蜥潛入沙中後，就會把腳收在身體兩側，像鱷魚一樣游泳。牠游過玻璃珠的速度蠻快的，一秒可以移動將近兩倍體長，相當於一輛車以時速 30 公里的速度前進。砂魚蜥的速度比預期的還要快，是因為介質鬆散的緣故嗎？第一次測試所使用的玻璃珠很鬆散，就像被風吹到門前的沙那樣。丹可以靠流體化床來改變珠子的密集程度，使其更接近沙堡的密集程度。他增加了玻璃珠的密度，X 光影片顯示砂魚蜥的速度還是一樣快，這樣的結果讓丹困惑了很久。想像在一輛擁擠的火車內移動，當火車變得愈來愈擁擠，你會因為與周遭的人發生愈來愈多的碰撞而減慢速度。可是，不管路徑上出現多少障礙，砂魚蜥卻都能以相同的速度前進，這不尋常的結果意謂著在沙中運動的背後藏有不尋常的物理祕密。

　　要了解在沙中運動這件事，請先想想鮪魚。鮪魚在水中移動的方式，就是擺動牠那很大的尾鰭，把水往後推，在此同時，魚身就會被往前推進了。砂魚蜥則是靠扭動全身，把整個身體當作尾巴。要了解動物如何藉由扭動身體來前進，我們要用到「阻力理論」(resistive force theory) 這個概念。

　　沙和空氣或水不一樣，是一個無慣性的系統，也就是說，除非持續被推動，否則沙粒不會流動。在你跳進泳池後，水還是持續在流動──泳池表面的漣漪就是證據。漣漪最終會消失，水面會再次平靜無波。移動中的流體所帶有的動能，會因水分子彼此摩擦而被轉成熱能。相較之下，當你跳進一個沙坑，是不會出現餘波的，沙子幾乎立刻恢復靜止不動的狀態，這是因為沙粒將動能轉換成熱能的速度比水分子快很多，這就是在沙中游泳和在水中游泳的關鍵差異。當砂魚蜥的每一個身體部位推過沙子時，沙子會流動，但一旦停止施力，沙子也會跟著停止流動，因此，我們可以獨立看待砂魚蜥在各部位的受力。

　　請把砂魚蜥想成一根香腸，可以被切成許多較短的片段，我們想估算每一個片段在如波浪般來回扭動時，砂魚蜥所承受的總力。為了測量單一片段所承受的力，丹使用機器手臂將一根金屬棒拖過一床玻璃珠，這根金屬棒代表了砂魚蜥身體的其中一個片段。金屬棒會被推往兩個主方向的其中之一：就像投擲出去的矛一樣，運動方向與棒軸「平行」；或像划船的槳般，運動方向與棒軸「垂直」。每個主方向關乎不同的力，平行驅動金屬棒會產生與沙子摩擦的阻力，讓砂魚蜥減慢；像槳一樣

划動則會產生推力。當波傳遞到身體某部位時,該部位會表現得像槳或像矛。在密度比較高的沙子中,砂魚蜥會感受到較大的阻力,因為周遭的沙粒比較密實,這表示砂魚蜥應該會慢下來;然而,由於沙子如此密實,砂魚蜥的每一個划槳動作也會因此產生更多推進力。較大的推進力和較大的阻力互相抵消,導致砂魚蜥只要使用相同的波浪動作,就能以相同的速度移動。然而,有一點別忘了,砂魚蜥維持相同的速度是要付出代價的:在密度較高的介質中做出同樣的波浪動作勢必會消耗更多能量。如果你想知道這對砂魚蜥來說是什麼感覺,可以想像明尼蘇達大學的艾華‧克斯勒 (Ed Cussler) 和他的研究生所做的一個類似的實驗。他們說服游泳池的員工在池裡添加增稠劑三仙膠,這會使池水的黏滯性增加 2 倍。池水雖然變得比較黏稠,但是游泳的人仍能維持同樣的游泳速度,他們和砂魚蜥一樣,很有可能也耗費了更多能量。

在沙子下,砂魚蜥每秒能前進 2 倍體長的距離。能在像沙子這樣高密度的介質中高速移動,啟發了科學家與工程師去思考同樣能在自然地貌中迅速移動的機器。丹在 2009 年研究砂魚蜥時,很多關於機器人的研究都是在實驗室的亞麻地板或柏油上進行的,大自然的地貌則更具挑戰性,它覆滿了草、葉子和各種碎石。自然地貌的表面高高低低,有時候又很鬆軟,導致輪子無法充分接觸表面,因此機器人會卡住,有時還會打轉,並讓自己愈陷愈深。在 2012 年,花了 4 億美元打造的精神號火星探測車便遭遇同樣的問題。精神號的底座是方形的,有六個

帶有溝槽的大輪子，靠太陽能板發電，它是個強悍的老兵：原本預期它只能在火星上待九十天，但它卻存活了六年。精神號最終不是因為沒電了才陣亡，而是因為被困在一塊鬆散的沙中出不來，它花了九個月的時間試圖逃脫，但卻徒勞無功，最後被轉為定點的觀測平臺。

如何將有輪車輛從泥巴和沙子等會流動的地面中拯救出來，是個非常古老的問題。埃及人會把大石塊放在多根原木上推動，以分散石塊的重量。在 1877 年，俄羅斯發明家費奧多爾·布利諾夫 (Fyodor Blinov) 發明了履帶，在當時被稱作「靠無止盡的輪子移動的馬車」。履帶較大的表面積有助分散車輛的重量，避免個別的輪胎陷入地面，地面如果夠平坦，這個方法就很有效。從那時起，履帶就漸漸被用在曳引機、工程車、挖土機和坦克車上。增加履帶軌道的尖利程度，無論靠金屬或橡皮，都有助於增加曳引力，防止輪子陷入泥巴、土壤、雪地和其他柔軟的表面。履帶的主要問題就在於，履帶和讓履帶順利運轉的機器都很重，因此就需要更多燃料和更強大的馬達，但這又會再增加重量，需要更強大的馬達和更寬的履帶，結果，裝有履帶的車輛通常都很笨重又耗能。

這個狀況在 2001 年改變了。密西根大學的電機工程師丹尼爾·科德舒克 (Daniel Koditschek) 率領一個跨校團隊建造了RHex，這是第一個能夠在天然地面上快速移動的輕量機器人。RHex 是「會跑的六足昆蟲」(running hexapod) 的簡稱，看起來就像一個裝有六隻 C 形腳的烤麵包機，沒有眼睛或其他明顯的

感測器，但這個機器人跑得可快了！它採取的策略和許多機器人不同：簡化。它雖然有六隻腳，但不是一次只移動一隻，而是把腳分成三隻三隻一組，例如左側的前腳和後腳以及右側中間的那隻腳會同時抬起來，如圖 2.8 所示。這三隻腳會先抬起，而另外三隻腳則維持不動，接著，兩組角色互換，這兩組三隻腳就這麼交替互換，我們稱這種步法為「三足交替步法」(alternating tripod gait)。這種步法是世界上最常見的，螞蟻、蟑螂和大部分的六足昆蟲都是採取這種步法；如果我們是昆蟲，這就會是我們所謂的「走路」。用這種方式來控制機器人的腳可以降低機上運算的需求，並進一步減輕機器人的重量。這個機器人是以不會從環境中接收反饋資訊的「開迴路」方式來跑步，只純粹轉動六隻腳而已。令人訝異的是，這個策略非常有效，讓機器人每秒可以移動 2 倍體長的距離，相當於人類以時速 13 公里的速度跑步。想像一下閉著眼睛慢跑的感覺，那就是 RHex 在做的事。

丹尼爾・科德舒克設計了一個稱作「沙地機器人」(Sandbot)的 RHex 機器人，專門在沙地上移動（圖 2.8）。在一些多沙的地方很需要像沙地機器人這樣的自動機器人，像是中東的戰亂地區和火星上的沙丘。這些地方太危險了，不能帶人類一起去，但是沙地機器人可以輕易地靠攝影機和無線電天線進行探索，並傳回影像。科德舒克將沙地機器人寄給丹・高德曼，要測試它在沙地上作業的效能。

圖 2.8　沙地機器人是一種較小型的 RHex；RHex 是一系列受到生物啟發所創造出來的六足機器人。沙地機器人靠著三足交替步法移動，其 C 形腳三三一組，同組的腳會同時轉動，兩組進行輪替。它在一床很難前進的罌粟籽上移動，因而慢慢下陷，就像陷入泥巴的汽車。但在調整腳的動作，並善加利用罌粟籽半液態、半固態的特性之後，就能恢復良好的表現。（圖片由喬治亞理工學院提供。）

　　沙地機器人在堅實的地面上雖然跑得很快，但它第一次碰到沙地時，卻是一場災難。它的速度降了 10 倍，從慢跑變成踮腳尖走路。它一邊走，一邊愈陷愈深，最後完全動彈不得。此外，測試幾次後，沙子便卡在它脆弱的零件中。想像一下有粒沙子卡在你的眼睛裡，發生這種事時，你知道必須停下所有動作，輕輕拉開眼皮，讓沙子掉出來。沙地機器人沒有這些細微

的感知，所以沙子就這樣卡在零件裡，直到零件完全卡死，然後造成馬達過熱，必須換新。沙子是由二氧化矽組成，這是地球上最常見的物質之一，但也是最堅硬的東西之一。當機器零件碰上沙子，沙子肯定會贏。

要讓沙地機器人在沙地上跑，有兩個問題要解決。首先，必須創造一個安全的訓練場地。丹將堅硬的沙子換成貝果上的柔軟配料——罌粟籽。罌粟籽的直徑是 2 毫米，幾乎比沙粒大上 10 倍，但是機器人本來就比沙粒大上許多，因此這樣的大小差異不會有影響。卡在沙地機器人零件中的罌粟籽非常易碎，會直接被輾成粉末。機器人安全無虞後，丹就能開始思考要如何解決第二個比較困難的問題：它究竟為何會卡在沙中。這時候，深入了解腳和沙子之間的交互作用就很重要了。

通常，沙地機器人會定速旋轉它的腳，大約每秒轉動 5 次。每當腳碰擊堅硬的地面時，地面就會以反作用力來推進機器人。然而，觀看沙地機器人在罌粟籽上移動的影片時可以清楚發現，罌粟籽幾乎沒有提供反作用力。沙地機器人的腳太用力撞擊地面，導致罌粟籽到處飛。飛走的罌粟籽無法讓機器人得到夠多推進力，同時，少了罌粟籽來支撐機器人的重量，它每一步只會愈陷愈深。想要讓機器人順利運作，研究者必須讓它慢下來，才能利用沙子的天然特性。

想想表面張力的特性。水黽的腳動作輕盈，讓牠可以站在水上行走，就好像是站在布丁的表面上似的。但如果腳穿透表面了，它移動的速度就必須快上很多，才能產生同樣的推進力。

沙子從某方面來說也有類似的特性，施力如果很小，沙子就會是固體，可以撐起腳，彷彿沙地是堅實的地面；施力若大，沙地就會變形，像液體一樣流動。因此，機器人要採取的策略便是避免使沙地流體化，也就是說，腳在半空中移動時速度得快，但接觸到沙地時要減慢動作。把腳的動作放慢，就能夠從沙地獲得更多的反作用力，立足也就更穩，不像動作快時會使沙子流體化。在泥地上開車也是類似的道理：如果把油門踩到底，只會讓輪胎空轉，但如果只催一點油，就能慢慢開出泥濘。這個辦法奏效了，機器人能夠成功走過沙地。這樣的策略顯示，只要改變腳的運動，機器人就能恢復良好的表現，在沙子上移動的關鍵就是要輕柔地對待沙子，避免讓它流體化。

　　蛇、蠕蟲和砂魚蜥都是能夠在陸地上游泳的動物。為了向前推進，牠們會利用介質的特性——摩擦力、裂開的能力和流體化的傾向。讓這一章提到的動物能成功在沙裡移動的原因主要來自其特殊的身形，也就是又長又易扭曲。在下一章，我們會談到更多身形帶來的影響。

第三章

飛蛇之形

　　我領獎時，和諾貝爾化學獎的得主達德利·赫施巴赫
(Dudley Herschbach) 握了手。另外七位諾貝爾獎得主站在一旁，
露出嘉許的燦笑。我走向哈佛大學的講臺，對超過一千名的觀
眾進行演說，來到生涯的巔峰之際，我注意到有幾件事跟我想
像的不太一樣：掛在脖子上的馬桶座椅很重，還開始往下滑；
站在我身後的，是一個裸體的中年男子扮成的真人聚光燈，全
身漆滿銀色顏料的他，是發明全彩3D列印的人之一；我走路時，
可以感覺腳下的紙飛機被踩扁了，這些紙飛機散落在舞臺上，
就是典禮盛大開幕時投向真人標靶（穿戴實驗室白袍、護目鏡
和閃爍的紅光）的那數千架紙飛機。我走到講臺時，一個臉上
有雀斑、一頭紅髮、紮著馬尾、穿著連身吊帶褲的八歲小女孩
站在我旁邊，手臂在胸前交叉著。如果我的演講超過時間——
就算只有一秒鐘，她也會開始不斷大喊「拜託快停止，我好無

聊」，直到我停下來為止。這不是諾貝爾獎頒獎現場，而是搞笑諾貝爾獎 (Ig Nobel Prize)，但我卻再開心不過了。

　　一年前，我的心情非常低落。我兒子哈利誕生了，妻子和我分工合作，她負責餵食，而我則負責代謝系統的另一端——換尿布。哈利精力非常充沛，覺得任何事物都很好玩，換尿布的時間到了的時候，他會試圖爬走，躲在沙發後面，一邊咯咯笑，一邊尖叫。全身沾滿灰塵的我最終會抓到他，把他帶到換尿布的桌子上，而他則會不斷揮舞著小手小腳，我把尿布脫下來後，他又笑得更大聲了。這就是當父親的日常，直到有一天，他的尿柱直直射在我胸口上。

　　我從來沒有被尿過，胸口慢慢湧上一股怒氣，腦海中傳來妻子的聲音，告訴我應該大聲數數，讓自己冷靜下來。1、2、3，我一直數，尿也一直來。漸漸地，噴射水柱變成涓涓細流，在我數到 21 秒時停了下來。幫他穿尿布時，我心想，他尿得可真久，可能有點太久了。

　　對一個 4.5 公斤的孩子來說，哈利的膀胱還真大。腎臟會過濾血液中的尿素，形成尿液，因此尿液量應該和體內的血液量成正比，可是，我的體重至少是我兒子的 10 倍，我的血液量應該也是他的 10 倍，照理說尿液也應該會是他的 10 倍才對。但他尿尿的時間為何這麼久？我開始擔心了，說不定我兒子的身體出了嚴重的狀況（例如某種阻塞），所以才尿這麼久，我開始想像自己在小兒科的候診間，到處都是尖叫的小孩。

　　我把兒子放在地上，到浴室把自己清乾淨。我看見馬桶，決定來做個實驗，我把褲子脫掉，一手扶著牆壁，開始數數，這是我這輩子最重要的一次排尿。1、2、3……我數到了 23 秒。我心想：哇，我兒子已經能像個男人一樣尿尿了！我應該用希臘神話中的海克力士來給他取名。我兒子的尿液量是我的 1/10，但為何能尿得跟我一樣久？

　　這個問題的答案將促使我思考泌尿系統的形狀，並進一步思考動物的形狀對驅動體內和身體周遭流體運動的重要性。一旦開始思考動物的形狀，我便逐漸明白，動物運動不僅限於從甲地移動到乙地，還會使用身體各部位——無論在體內或體外——的運動來達成各種功能，包含清潔、理毛、進食和消化，這些動作都涉及把液體和固體物質從體內運送到體外，反之亦然。

　　我們周遭的動物似乎有無止盡的形貌多樣性。舉例來說，動物的多樣性高於跑車，因為跑車基本上都設計成流線型，以減少阻力。這有部分原因是，對動物來說，形狀的作用不只是讓牠們以最快的速度從甲地移動到乙地而已，否則的話，每種動物都會像跑車一樣呈現流線型。在水裡和在空氣中，物體受不同的力作用，比方說排尿時，膀胱和尿液就會受到重力的影響，但在水裡，由於阿基米德原理作用的緣故，重力的影響就不重要了。因為水生動物的密度和周遭環境的密度一樣，牠們的重量可以被周圍的水壓所支撐，也因此，在水裡可以存在非常多樣的動物形狀，從鯊魚、魟到水母等等。對飛行動物而言，高速和燃料效能不見得是主要的演化驅動因素，面對失速 (aerodynamic stall) 或

迎面而來的氣流仍能保持穩定的能力反倒較可能是驅動演化的原因。因為不同的環境，以及動物各自有的不同需求，身體的內外也就出現各種形狀。在這一章裡，我們會述說三則故事，在故事裡人們都對動物形狀有著濃厚的興趣。記住，這些形狀絕不是最佳的形狀，而是透過演化所產生的夠好的形狀。

　　我兒子尿在我胸口的那天，我也剛好要教大學部的流體力學課，我覺得這是個告訴學生們自身經驗的大好機會。我問班上學生有沒有人可以解釋為什麼我兒子的排尿時間可以這麼長，他們似乎很困惑，有些人還交頭接耳。我請想幫忙用科學來回答這個問題的人舉手，一位醫學系預科生—他將來會成為泌尿科醫生—和他的朋友志願協助，因此下課後，我把他們請到辦公室。我正好有適當的工具可以給他們進行這個實驗，試試他們的勇氣。我給他們幾個碼表和一個我以前用來收集螞蟻的髒兮兮的水桶，並告訴他們，請帶著這些東西到亞特蘭大動物園，若沒有將那裡所有動物的排尿時間都記下來，就不要回來。

　　帶著桶子和碼表突襲動物園是需要受過適當訓練的。為了訓練這兩位學生，我找來楊佩良 (Patricia Yang)，她是個高大開朗的臺灣研究生，在臺灣念的是物理學和海洋工程學。她和這些大學生一起到附近的公園練習接住狗尿，這個任務比我當初預期的還要困難，我最初的想法是，拿著塑膠杯跟在狗的屁股後面，試圖接住牠們的尿，但這卻演變成我實驗室裡最失敗的

實驗。我們每次看見狗在撒尿時，就會像美式足球隊員要截球一樣衝上前去，狗狗當然會看到我們，並馬上驚慌起來，只尿到一半就停了下來，一邊往反方向跑，一邊對我們吠叫。使用這個方法，我們一滴尿也收集不到。隨著時間過去，我們改善了做法，使用訓練狗狗的尿布墊來收集狗尿，接著秤秤看尿布增加的尿有多重，再利用尿的密度（和水差不多）來算出尿的體積。

佩良和她的學生們也到附近的農場進行類似的實驗，測量到山羊、綿羊和牛的排尿時間和尿量。現在經過充分訓練後，他們就要去對付動物園裡的動物了。這些動物必須待在圈欄內，好讓大家都安全無虞，為此，他們必須採取較不具侵擾性的方式來測量排尿時間。在接下來數星期的每天下午，他們都站在烈日下的圈欄外，用一個巨大的反射板來替動物的生殖器打光，準備好高速攝影機，然後耐心等待。附圖 6 呈現了大象的尿柱，這是他們拍攝尿尿的能力達到頂峰的一刻。只要動物尿尿了，他們就會記下尿了多久。

幾個星期的辛苦工作後，他們從動物園回來，全身覆滿塵土，被尿噴得到處都是，而且看起來還蠻失望的。我問他們怎麼了，他們說自己非常認真工作，但是卻沒有得到什麼有趣的結果。他們測量了超過 40 種動物的排尿時間，但發現每種動物的排尿時間都差不多，超過七成的排尿時間介於 10～30 秒，平均值為 21 秒。

我驚呼：「這就是最有趣的發現啊！」我們仔細查看數據，我的眼睛瀏覽過他們研究的各種動物，包括狗、山羊、貓熊、犀牛和大象，但沒有對飲食、性別或排尿的時間點進行控制。即便整個實驗都沒有進行變因控制，但這些動物的排尿時間卻驚人地一致。

　　有些人可能會說，10～30秒的範圍很大，但有一件事必須牢記，那就是每種動物的膀胱容量間差異很大。我的狗狗傑瑞的膀胱容量大約是一個杯子，大象的膀胱容量則是這個數字的100倍強，能夠填滿一個20公升的廚房垃圾桶，你會以為大象尿尿的時間是傑瑞的100倍，或至少也要有10倍久，然而，這兩種動物清空膀胱的時間卻差不多，最多只差2倍。我在研討會上很喜歡請科學家同僚們猜猜大象尿尿會花多少時間，多數人會給我一個骯髒的表情，或是乾脆忽視我的問題，如果我繼續問下去，他們給的答案通常都是1分鐘左右，沒有人猜得到大象和我兒子尿尿的時間一樣長。

　　我和學生們仔細推敲了數百種哺乳動物泌尿系統的解剖簡圖（圖3.1），我們發現，雖然動物有各種形狀和大小，但在泌尿系統的演化上卻是非常一致。在所有哺乳動物的身上，泌尿系統都是從一個稱作膀胱、類似氣球的尿液儲存構造開始，膀胱下面有一條長長的管子，醫生稱之為尿道，我則叫它尿尿管。我兒子哈利很喜歡跟他妹妹說，只有他有尿尿管，而我必須告訴他，他搞錯了。男性和女性都有尿道，長度和直徑的比分別是25:1和17:1，而且，這些比例不只在人類一致，從老鼠到大

象的所有哺乳動物也一樣。尿道雖然無所不在，但在我們進行
這項研究時，沒有科學家知道哺乳動物到底為何會需要演化出
尿道。事實上，哺乳動物在其他方面多會隨著體型不同而有很
大的差異：跟小型動物相比，大象的耳朵較大來幫助散熱，腿
也比較粗，牠們需要較粗的腿，才能支撐龐大的體重，這些都
是體型大造成的結果。倘若大部分的身體部位會隨著體型變大
而跟著變大，尿道的長徑比為何會守恆？直覺告訴我，這和尿
道的功用有關：從膀胱釋出液體。

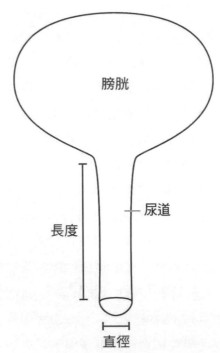

圖 3.1　哺乳動物泌尿系統簡圖。膀胱會儲存尿液，而膀胱下方的尿道則
負責將尿液輸出膀胱。同樣性別的哺乳動物，尿道的長度與直徑比值相
同。重力導致液體從膀胱流出。

要知道液體是如何從尿道中流出的，我們必須先了解壓力，這是一個有違直覺的微妙概念，曾令古希臘人百思不解。古希臘的頂尖哲學家描述過不少關於靜水的弔詭現象，都是將液體倒入靜止容器中時所發生的難以解釋的行為。這個疑惑一直持續到 1646 年。據傳，法國數學家布萊士·帕斯卡 (Blaise Pascal) 在當時會做一個令觀者大吃一驚的實驗，也就是後來所稱的「帕斯卡橡木桶」(Pascal's Barrel)。據說他會告訴觀眾他能用液體輕易地打破當時最堅固的結構之一——裝葡萄酒的橡木桶。接著，他會爬上一個梯子，將一根非常細、長 10 公尺的金屬管接到橡木桶頂端，酒桶頂端有一個洞，可以讓金屬管中的液體直接流進原本已滿的桶子。然後，他開始將水倒入金屬管中，因為管子非常細，裡面的液體自然是比桶內的液體還少很多，然而，在他快把整根管子填滿時，橡木桶的接縫竟然裂開了，桶子發出很大的斷裂聲，桶頂飛了出去，並開始漏水。我曾經在流體力學的課堂上用塑膠保鮮盒、壓力計和一根長橡皮管進行同樣的實驗，結果真的奏效了。

　　帕斯卡的實驗展現了液體的壓力和容量無關，重點是它在空間中分布的方式，這和我們習慣以固體物質來理解的認知非常不同。假設我們有塊黏土，我們不會認為黏土塑形的方式會影響到它對外施加的壓力。然而，這卻是液體表現的方式，因為它和固體傳遞力量的方式不同。帕斯卡後來證實，管內液體的壓力和其高度呈正比，也就是現在所說的帕斯卡定律，因此他可以不斷增加管子的高度，無論管子有多細，都能隨心所欲

地增加橡木桶內的壓力。在這方面,液體比固體更能放大重力的效應。

　　尿道其實就是帕斯卡橡木桶實驗的生物版。把尿道變長一些,生物就能利用重力來增加驅動尿液的壓力。成年女性的尿道約 5 公分長,直徑跟咖啡攪拌棒一樣;但是母象的尿道則有 1 公尺長,直徑和你的拳頭一樣大,這樣的尺寸讓大象能以五個蓮蓬頭的流速排尿。較快的流速和較大的尿道截面積代償了較大的膀胱儲尿量,使得大型動物的排尿時間和小型動物一樣。我的研究生佩良算出了排尿時間的數學公式,被我們稱為「排尿定律」(Law of Urination)。她發現,只要尿道的長徑比維持一致,釋出的尿液量便與膀胱的容積無關,而且排尿時間會維持在 21 秒。這些加速管內流速的原理可以用在水塔、水袋、甚至公寓大廈的設計上。這些原理告訴我們,透過聰明地設計管子的截面積和長度,液體就能在相同的時間內被排出,無論體積為何。

　　動物是如何演化出相同的尿道比例的?我沒有這個問題的正解,但是我猜,尿道形狀的一致性很可能是「夠好即可」的結果。我猜想,短暫的排尿時間是受獵捕風險所導致的結果,21 秒似乎是足以有效降低此威脅的時間長度。若要更短的排尿時間,尿道就必須變得更長,進而造成不便;或是變得更寬,進而使寄生蟲容易進駐。這些演化壓力可能都是讓尿道長徑比維持一致的因素。想要更進一步了解尿道的演化,檢視鯨魚和其他離開陸地進駐海洋的哺乳動物的尿道結構,應該會很有意思。

尿道只是眾多形狀和功能息息相關的身體器官之一。體內的其他器官——眼睛、肺臟、心臟——往往會隨著動物體型大小而改變形狀，探討相關課題的學問稱為「異速生長」(allometry)。這個詞是由英國生物學家朱利安・赫胥黎 (Julian Huxley) 在 1932 年發明的，意思是身體各部位的生長速率不同，導致身體比例的改變。我們會用數學來表達異速生長的效應，這又叫「異速生長尺度」(allometric scalings)，探討的是動物質量和身體部位的大小如長、寬和體積等數值間的關係。想像將各種動物由小到大排成一排，這些尺度可以提供準則，讓我們預測動物身體部位的形狀如何隨體型大小而改變。因為尿道的長徑比並未隨著體型而改變，因此它具有一種特殊的異速生長尺度，稱作「等速生長」(isometry)。等速生長常常出現在玩具產業，娃娃和玩具車很容易被辨識，因為它們和所模仿的物件比例相同。

從自身經驗應該可以知道，生物的形狀通常不會遵守等速生長。例如，以全身比例來說，嬰兒的頭顱就比成年人的大很多，這是因為幼兒成長時，頭顱跟身體生長的速率不同。這些形狀的改變可用來推斷出這些器官所受到的物理限制。在 1637 年，伽利略 (Galileo) 成為首位發現大型動物身材比例和小型動物不一樣的人，最明顯的就是動物的腿骨。若縮放到同樣大小時，大象的股骨看起來會比狗的股骨還要粗短，這個比例上的差異允許大象支撐較重的身軀。後來，工程學家湯瑪斯・麥馬漢 (Thomas McMahon) 延伸了伽利略最初的觀察，他測量許多博物館標本，

發現腿骨可以使用一個異速生長的關係式（或數學公式）來描述：腿骨直徑與其長度的 3/2 次方成正比。這個指數導致大型動物的骨頭相對較粗，例如，大象的股骨是狗的 10 倍長，但卻是 20 倍寬。符合這個尺度關係的骨頭被稱作是「彈性相似的」，因為這個形狀有助骨頭維持固定的應力，從而抵抗歐拉挫曲。近年來發現愈來愈多骨頭並不滿足彈性相似性 (elastica similarity)。巴西生物學家吉列爾梅・加西亞 (Guilherme Garci) 發現，骨頭形狀也會受到如生長或肌肉施力等因子所影響，因而改變動物的運動形式。雖然現有許多理論模型存在，但我們仍不知道是何種因子導致鳥類和爬蟲類的腿骨出現異速生長。

異速生長不僅能用來量化骨頭的形狀，也能運用在柔軟的身體部位。在下一個故事中，我們要看看水母的形狀如何能幫我們推論出牠們運動的最佳性。

在一個陽光普照的午後，一群由加州理工學院的教授約翰・達比里 (John Dabiri) 所率領的科學家在西雅圖外海的聖胡安群島上，沿著礁石遍布的海岸跋涉，周遭水母環繞。數以千計的水母就在水面下，看起來有如鬼魅剪影。從念研究所開始，約翰就一直在思考水母的運動。跟他一同跋涉海岸的是他的兩位老師──羅德島的生物學家兼水母專家尚恩・柯林 (Sean Colin) 與傑克・科斯特洛 (Jack Costello)，他們已經研究水母柔軟纖弱的身體很久了。約翰也帶了他的研究生卡卡尼・卡蒂賈

(Kakani Katija)，他們兩人已經共同研究水母好幾年了。約翰的隊友在這趟旅程中還有一個重要的功能：因為約翰不會游泳。過去這幾年來，約翰一直與美國海軍合作，要研發一種新型潛艇。他直覺猜測，水母噴射流體的方式對於潛艇的設計會很有用，研究水母之後，約翰就能為海軍提供新想法，讓他們製造出經過改良的新潛艇。

在當時，最先進的潛艇驅動技術就是螺旋槳。螺旋槳是潛艇的心臟，之所以能發揮作用，是因為它很安靜，潛艇如果太大聲，就會被敵方發現。噪音通常是來自小泡泡的產生，而之所以會出現小泡泡，則是因為「空蝕現象」(cavitation)，也就是當推動水流的速度太快時所導致的汽化現象。經過多年的研究後，螺旋槳的形狀已經能夠減少空蝕，並幫助螺旋槳挑戰極限速度。螺旋槳的概念十分古老，阿基米德在西元前 200 年就發明用於灌溉的螺旋槳。熱力學始祖之一的威廉・蘭金 (William Rankine) 在 1865 年發展出理想螺旋槳的數學理論，從那時起，螺旋槳就被用來在水下推動潛艇。

約翰的想法是，要設計一個能像水母或烏賊一樣推動自己的潛艇。這些動物都是透過噴射的方式來推進自己，牠們有一個裝滿水的腔體，富有彈性的身體只要一收縮，腔體就會把水往後推，像水球一樣。這就好比水下的火箭發射，儘管使用的是比較慢也比較穩定的火箭。念大學時，約翰就曾在水族館看過水母，並對牠們深深著迷。水母看起來如此纖弱，但運動時卻似乎毫不費力，因此，約翰想把牠們的運動機制融入潛艇的設計中。他打

算開闔潛艇的閘口，以模仿水母的噴射動作。潛艇內會有一個螺旋槳持續把水往外推，閘口開啟的時機會決定噴射水柱的長短。在開始製造潛艇的原型之前，他決定先觀察自然棲境中的水母，為了觀察到最多樣的水母，約翰和他的團隊從洛杉磯一路沿著西岸前往西雅圖，因為他知道那裡的岸邊會有很多水母。

　　海水輕拍約翰的膝蓋，陽光照得海面閃閃發亮。他已捲起褲管，戴好採集水母的裝備，他穿著一件 T 恤，手腕上戴著一個黑色橡皮手環，上面寫有一句《聖經》經文，提醒自己只是浩瀚宇宙中的一個人。當水母慵懶地上升到水面時，約翰和隊員們彎下腰來採集。用網子捕撈的話，會傷害到牠們纖弱的身軀，因為牠們的身體連一點點力也抵禦不了，被網撈上岸的水母看起來會像一團毫無動靜的黏滑物。因此，團隊帶了嬰兒食品的玻璃罐，直接將水母連周遭的水一起舀進去，每個罐子可以裝得下數隻水母，每一隻都跟拇指指甲差不多大。他們迅速卻又小心地採集水母，以免傷到牠們。

　　對團隊而言，採集水母就像是蒐集貝殼一樣，每一隻都不太相同（圖 3.2）。*Neotourris* 是一種「速度快」的子彈狀水母；多管水母 (*Aequorea*) 則屬於比較悠閒的那種，長得像一個餐盤；有些水母的形狀十分浮誇，例如 *Leuckartiara* 看起來就像紅蘿蔔和梨子生下的小孩。約翰進行田野調查時，沒有人明白為何不同種類的水母會有如此不一樣的形狀，而水母似乎也是最不可能用來尋找潛艇設計所需靈感的對象。但不同大小和各種形狀正是約翰需要的，他想蒐集到夠多水母，讓牠們進行一場競賽，接著使用獲勝者來設計潛艇。

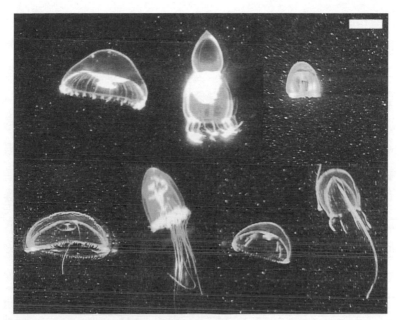

圖 3.2　水母藉由收縮鐘形的身軀來推進自己。水母游泳的速度受到其身體形狀及所產生的噴流形狀強烈影響。高瘦的水母推進的速度較快，矮胖的水母消耗的能量則較少。雷射光除了照亮水母的身體，也會照亮海水中的自然顆粒。（上排）多管水母、*Leuckartiara*、*Melicertum*；（下排）*Mitrocoma*、*Neotourris*、*Phialidium*、*Sarsia*。（圖片由約翰・達比里提供。）

　　約翰和隊友把罐子都裝完水母後，走回岩岸邊，松樹強烈的氣味從海岸後方的森林之中飄來。他們來到碼頭，看見幾艘帶網的船停泊在岸邊。前方有一小群白色建築，看起來好似一座漁村，那其實是星期五港海洋實驗室——一座設備齊全，用來研究海洋生物的實驗室。

　　約翰一行人把水母帶到他們租借的實驗室，房內很暗，只有一片綠色雷射光頁照進一個裝滿海水的水族缸，小小的浮游

生物和其他自然碎屑漂浮在水中，被雷射光照亮。使用雷射光，他們不僅可以捕捉到水母運動時的動作，也能捕捉到水母噴射出的水流。雷射光的光芒與高速攝影機的內建小風扇所發出的嗡嗡聲，讓整個房間感覺起來幾乎就像一座舞廳。

卡卡尼、尚恩、傑克和約翰輪流拍攝影片，最終拍了超過50 隻來自 7 種水母的影片。水母依形狀能自然而然地被分成兩類：餐盤形水母和子彈形水母。水母的形狀和牠們的泳速及生活方式息息相關。例如，餐盤形水母是吃浮游生物的，這些食物就漂浮在那裡等著被吃，所以牠們可以慢慢來，不用急；而子彈形水母的速度則必須夠快，才能追到小魚。關於水母，所知的就這麼多，不知道的是，牠們的形狀如何影響速度。直覺看來，牠們的外型可以提供一些線索：子彈形水母比餐盤形水母更容易穿過海水，然而，這只是和阻力有關的部分，關於推力的部分就比較微妙了，這關聯到約翰最初所提出的潛艇設計的問題。

身體的形狀如何影響所產生的水流？約翰分析了餐盤形和子彈形水母身後的流體運動。他發現，子彈形水母所產生的尾流跟我們游泳時所產生的很類似：渦旋之後接著一條亂糟糟、充滿小漩渦的尾隨噴流（圖 3.3 C），這尾流看起來就像噴泉噴出來的水。另一方面，餐盤形水母的尾流就乾淨許多，由單一渦旋環所構成，好比吸菸者從口中吐出的菸圈（圖 3.3 A），其他水體則呈現靜止狀態，可以想像成當你游過流體時，大部分的流體靜止不動，只有一個渦旋在打轉。在分析各型的動量後，他發現餐盤形水母非常節能，每移動 1 公分所消耗的能量遠低於子彈形

水母。這些水母吃的是熱量低的浮游生物，因此節省能量遠比速度重要。反之，子彈形水母在每次收縮推進時輸入的能量則高上許多，超越產生單一渦旋環所需的能量，因此渦旋環就變得不穩定，會在後方留下亂糟糟的尾流。牠們會這麼做，是因為速度快比節能更加重要，獵物若是逃走了，所有的努力都將白費。

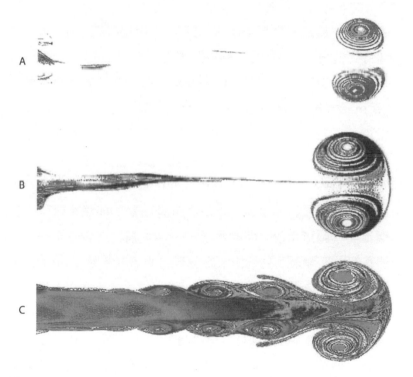

圖 3.3 以染料顯現活塞將圓筒中的流體往外推所產生的渦旋環。三張圖片是依圓筒長度從短至長漸次排序。B 渦旋為最佳渦旋，因為它是最大的渦旋，能在一個渦旋環中容納所有流體；A 渦旋若噴射得更持久，就能擁有更多能量；C 渦旋則將動能洩漏到尾流中。（圖片由穆理·賈瑞柏提供。）

　　約翰發現，水母的身形會強烈影響牠們的游泳能力，將牠們分成短跑與長跑選手。他按照長徑比依序排列不同的水母，若把水母想像成汽水罐，每一罐的長度對寬度的比值都不同，又長又瘦的子彈形水母在最上面，接著是矮胖的水母，最後則是長得像餐盤的扁平水母。汽水罐的長徑比比值大約是 1.8，跟圖 3.2 的 *Sarsia* 水母最像。在排序好的水母中，約翰發現形狀比長徑比比值為 4 還要瘦長的水母會產生明顯不同的尾流，他把這個比值稱作「最佳推進的長徑比比值」，或可直接稱為「水母比值」。體形具有這個比值的水母會產生乾淨的尾流，如圖 3.3 B 所示。如果水母的長度是寬度的 4 倍以上，它的尾流就會亂糟糟的，若身體短一點、並噴射出較少的水流，對牠來說會比較好（圖 3.3 C）；同樣地，當水母的長徑比比值低於水母比值（圖 3.3 A），它的噴射表現就欠佳，若身體長一點，就能噴射出更多流體並游得更遠。以每次推進所需的能量來說，介於餐盤形與子彈形水母之間的水母——姑且稱之為最佳水母——所能移動的距離最遠。最佳水母所製造的噴流（圖 3.3 B）在尾流盡可能帶有最高的能量，既不多也不少。

　　在約翰研究水母的前幾年，水母比值就一再出現在生物學領域，從心臟瓣膜到烏賊都有。其實，水母比值最初是在生物學領域之外被發現的。在 1998 年，約翰的博士論文指導教授，也是加州理工學院的教授穆理・賈瑞柏 (Mory Gharib) 在進行用活塞將圓筒內的液體向外推的實驗時，發現「最佳渦旋產生」的這個概念。有了穆理的經典實驗支持，再加上自己從水母實

驗所得到的證據，約翰很有信心這個水母比值正是他設計潛艇時所要尋找的神奇數字。

　　約翰回到加州理工學院後，跟他兩名研究生莉蒂雅・魯伊斯 (Lydia Ruiz) 與羅伯特・威圖斯 (Robert Whittlesey) 一起努力設計潛艇。他們主要的任務是設定潛艇閘口的開闔時機。閘口位於潛艇側面，透過開闔的動作以便讓水流入船艙中央的空腔中，接著，水會靠螺旋槳來噴流出去。他們發現，潛艇耗費的能量跟潛艇推出去的水柱長度有很大的關聯。如果閘口經常開闔，就會形成又短又胖，像鬆餅似的水柱；反之，如果閘口開很久，約翰和他的研究團隊就能夠製造出又長又瘦像根熱狗般的水柱。不長不短的開闔時間所產出的結果最有效，當噴出長寬比 4:1 的水柱時，以消耗能量來說能夠產生最大的移動距離。比這更長的水柱會造成報酬遞減，因為流體會被推成亂糟糟的尾流，而不是乾淨的渦旋。若潛艇間歇地推進自己，就像最佳水母一樣，將在身後留下乾淨的渦旋環。這樣的尾流帶有最高的動量，也不會擾亂渦旋和製造噪音，符合潛艇設計師為了避免潛艇被偵測所需的特性。約翰證實了水母比值也可以運用在和水母長得一點也不像的物體上。

　　要以最佳效能噴射出水柱，形狀是很重要的考量因素。我們將在第三個例子中看到，形狀也會影響蛇在空中滑翔的效能。

那是在 1997 年，芝加哥大學的生物學研究生傑克・索哈 (Jake Socha) 跟警察握握手，並從對方手中接下一個用繩子綁好的帆布袋。傑克跋涉了半個地球，從芝加哥來到新加坡，為的就是這袋子裡的東西。在接下來幾年裡，他會定期到東南亞進行類似的交易。他在追尋飛蛇家族中的五個成員，其中最會飛的就是黃綠相間的天堂金花蛇 (*Chrysopelea paradisi*)。這次是他頭一次到新加坡，而他幾乎完全沒有準備，只大概計畫好要跟哪些可以幫助他尋找、拍攝這些蛇的人會面，以了解蛇怎麼能夠飛行。傑克的第一個任務就是要找到這些蛇，但是這些蛇特別難找，尤其是在牠們的家鄉——新加坡的雨林。牠們會在樹冠之間穿梭，彷彿會憑空消失。傑克很幸運，因為新加坡動物園和當地警察已經建立長久的合作關係，警方每個星期都會帶飛蛇到動物園，就好像外送披薩似的。

　　多年來，新加坡警隊有一些菁英分子不僅被訓練來抓犯人，還被訓練要能制伏蛇。新加坡被雨林四面環繞，無可避免地，蟒蛇、飛蛇等各種蛇類會溜進城市裡找食物吃。傑克有一次到新加坡時，就曾親眼看過金花蛇在一棟高樓的陽臺上，當他靠近時，蛇便起飛，閃閃發光的綠色身軀就這樣消失不見了。這些蛇已演化成可以爬樹，因此對牠們來說，攀上具格狀物的高大結構體覓食完全沒問題。飛蛇最愛吃的東西之一是出沒在餐廳或公寓天花板和牆壁的壁虎。壁虎很容易獵捕，因為牠們的

森林系體色在米白色的牆面上十分明顯。飽餐一頓後，飛蛇會抄近路從建築物飛下。有一次，一個在慢跑的人差點撞到一條通過他頭頂的飛蛇，那條蛇後來降落在一個交通繁忙的十字路口中央，使車輛停滯不前。遇到這種情況，第一個接到電話的是新加坡警方，接著是動物園；然後，動物園會打電話給傑克。

傑克是在申請研究所時，第一次認識到飛蛇這種動物。他在德州大學奧斯汀分校面試時，遇到生物學研究生吉米・馬克圭爾 (Jimmy McGuire) 和他長期對飛行有研究興趣的指導教授羅伯特・達德利 (Robert Dudley)。吉米的實驗室裡有很多用發熱燈保持溫暖的籠子，其中一個籠子裡放了隻飛蜥 (Draco)，看起來就像一隻普通的綠色蜥蜴，跟他的手掌差不多長，有著黃色的大眼睛。吉米說，牠們會一個很酷的技倆，他打開籠子，輕柔地把蜥蜴的爪子從杆子上扒開，一隻手抱著牠。他接著說，注意看，並用另一隻手抓住蜥蜴的尾巴，接著把手放開。蜥蜴立刻張開翅膀──身體兩側由肋骨構成的扇狀物，肋骨間有像鴨蹼般的網狀結構拉展著。傑克就這樣進入飛行爬蟲動物的世界，從那時起，傑克就被迷住了──爬蟲類要怎麼飛？

東南亞的雨林非常蒼鬱，各種生物都以樹木為中心活動。樹木又高又密，使下層植物照不到陽光；樹與樹之間的枝幹網絡像座迷宮，森林裡無數的居民都必須非常敏捷才行。鳥類和有翅昆蟲在枝椏間飛翔；猿猴用盪的，像鐘擺般從一根樹枝盪到另一根；其他動物則用跳的，其中有些把跳躍延伸成滑翔，牠們的體表被當成翅膀來使用，運用方式時常創意十足。飛蛙

的腳特別大，牠們滑翔時，蹼又會把牠們的腳面積張得更大；鼯鼠使用鬆垮垮的皮滑翔，看起來就像罩了一件長長的軍用雨衣，為了延長跳躍的距離，牠們的身體也漸漸演化出愈來愈多這種鬆鬆的皮，使牠們可以更好地轉移空氣方向，以控制降落。

　　一般的運動方式（例如走路）必須持續耗費能量才能進行移動。相較之下，滑翔就像大自然的雲霄飛車：只有在一開始才會耗能，也就是當雲霄飛車被拉抬到頂點之前。飛蛇可以爬到 50 公尺高的樹上，相當於全世界最高的木製雲霄飛車——位於德國海德公園的 Colossos——的高度。一般來說，飛蛇的滑翔比為 2：1，也就是每降落 1 公尺，就會滑翔前進 2 公尺。因此，爬到 50 公尺高的蛇可以在數秒鐘內就滑翔到離樹基 100 公尺遠的地方，這比在地上滑行的蛇所能移動的距離還遠、速度也快上許多，尤其是林地上充滿了障礙物以及更糟糕的——獵食者。蛇的滑翔比較鼯鼠的高出 10%，還幾乎是飛蛙的 2 倍。飛蛇的滑翔比雖然高，但牠們似乎沒有遵守其他滑翔動物的規則，明確來說，飛蛇除了腹部之外，並沒有明顯的滑翔表面，但其腹部似乎又太過狹窄，不足以改變氣流的方向。空氣雖然很輕，但只要滑翔表面夠大、速度夠快，就能產生足夠的空氣動力，來平衡滑翔者的重量。能夠平衡重量，就意謂能抵銷重力，墜落的速度就會比較慢，這就是滑翔的基本原理。滑翔者一定要有夠大的滑翔表面，才能偏移空氣，但怪的是，飛蛇並沒有明顯的滑翔表面，牠的身體橫切面是圓的，看起來就像一根木棍一樣不能滑翔。

木棍要怎麼起飛？又要怎麼降落？若要擁有起降的技能，飛機駕駛員必須接受多年訓練，以及要有好的視覺敏銳度與協調能力，當然還得具備適當的降落設備才行。在大自然裡，降落設備通常指的就是腳。飛蛙和鼯鼠等滑翔動物也很會跳，這項技能可以幫助牠們從樹上跳出去，順利起飛。就跟懸崖跳水一樣，牠們需要靠跳躍來獲得前進的動量，幫助自己突圍以避開下方的枝葉。飛蛇沒有腳，所以我們不清楚牠們要怎麼透過跳躍開始滑翔。

　　生物滑翔的另一個重點是，動物必須要能優雅地降落，亦即降落得安全、穩固，且能到達目的地。在森林裡，滑翔者最有可能會降落在樹木或其他物體上，抓得牢是很重要的，樹蛙有可沾黏的趾墊來抓牢樹葉，鼯鼠則有爪子可以抓牢樹幹。但怪的是，飛蛇並沒有爪子、附著墊或任何附屬肢體。既沒有翅膀，又沒有明顯的降落裝置，飛蛇似乎是條件最差的滑翔動物。

　　為了探究飛蛇是如何克服這些挑戰的，傑克必須先克服自己對高度的恐懼。動物園入口附近有一個很大的空地，約兩個網球場這麼大，傑克雇用一間新加坡的鷹架公司，在那裡用空心的鋼梁建造一座 10 公尺高、有 3 層樓的塔。這是要讓飛蛇墜落的高塔，基於一個世代之前一位科學家所做過的類似實驗。

　　在 1970 年，榮恩・海耶爾 (Ron Heyer) 進行了有史以來第一個被記錄的墜蛇試驗，他爬上 41 公尺高、11 層樓的高塔，從最上面將不會滑翔的蛇及飛蛇丟下。如果人類從 11 層樓墜落，死亡率將超過 95%，剩下的 5% 存活率發生於這個人在墜落途

中撞到草叢或柔軟物體。不會滑翔的蛇從這個高度落下的存活率比人類高，這是因為終端速度取決於體型大小。一如英國生物學家 J・B・S・霍爾丹 (J.B.S. Haldane) 所言：「把一隻寵物鼠從 1,000 碼（約 914 公尺）高的礦井丟下去，撞到地面時，只要地面還算軟，小老鼠只會受到一點驚嚇，然後就走掉了。大老鼠會摔死；人類會肢離破碎；馬會摔成爛泥。」

榮恩發現，不會滑翔的蛇只會筆直落下，最多被在這樣的高度所出現的風給吹離，而落在離高塔基部 12 公尺遠。令人驚訝的是，他所研究的兩條飛蛇中有一條完成了壯舉：榮恩將牠放開後，牠飛到了離基部 30 公尺遠的地方，是牠那不會滑翔的同伴的 3 倍遠，顯示出牠的高滑翔能力。榮恩也注意到，兩條飛蛇的表現差異很大：在一次測試中，其中一條表現很差，降落在離高塔不到 5 公尺之處。他將這項結果歸因於逆風、天氣寒冷，以及該蛇相對較大的體型——超過 200 公克重。這聽起來好像沒有很重，但對一個必須滑過空中的物體來說，是相當重的。相較之下，傑克研究的飛蛇長度約為 60 公分，體重只有 30 公克。

傑克提出一個假說，認為榮恩的其中一條飛蛇表現之所以差的原因，和起飛的條件狀況有關。起飛的重要性在滑翔翼駕駛員的圈子內也廣為人知，大部分的滑翔翼是由飛機拉抬到半空中，接著在遠離植被、山巒或其他障礙物的高空被釋放。另一個風險較大的起飛方式，是助跑後從懸崖邊緣墜下，這些滑翔翼駕駛員一定要確保風向對，還有跳得離崖邊夠遠。即便如此，風的狀況還是可能會隨時改變，因此從高處跳下永遠都像是在下賭注般。

傑克猜想，榮恩的飛蛇起飛表現不佳，是因為他都用手把蛇從高塔丟下。傑克的經驗是，飛蛇只有在必須逃離時才會使出滑翔這個最後的招數，他必須很小心謹慎，讓蛇自己開始滑翔，而不是將牠們推落高塔，以至於像榮恩的實驗一樣出現表現不佳的結果，甚至造成實驗動物死亡。榮恩雖然沒有明說動物是否在實驗過程中死亡，但從 41 公尺高的地方墜下的確很可能造成傷殘。

傑克想好要怎麼讓蛇自行開始滑翔之後，接著要計畫如何從牠們的滑翔運動中取得數據。在這段期間，他會到雨林裡散步，邊想像飛蛇會在高高的樹冠上，從一棵樹滑翔到另一棵樹。飛蛇可以在短短 2 秒間滑翔 20 公尺，相當於每秒 9 公尺或每小時 32 公里的速度，非常快，也很難看得到。飛蛇很細，而且是綠色的，非常融入背景色，因此幾乎不可能用攝影機跟拍。除此之外，蛇的身體活動度高，飛過空中時可以不斷改變成各種姿態，可以把這想像成風箏飛過天空時，你試圖捕捉風箏尾巴不斷變化的形狀。

想要知道蛇為何這麼會滑翔，傑克必須獲得蛇在三度空間中的影像。為了做到這點，傑克找來湯尼·歐當姆普西 (Tony O'Dempsey)。他是來自新加坡的蛇類愛好者，平日的工作是使用架在飛機上的攝影機製作立體地圖。湯尼說服傑克，一臺攝影機是不夠的，攝影機只能從一個方向觀看物體，對於有不同形狀的多個物體，或者是像飛蛇一樣可以改變形狀的東西來說並不夠用。舉例來說，從正前方看，方形和方塊看起來都一樣，為了分辨兩者，需要靠立體視覺，而我們的眼睛可以做到這點。兩隻眼睛因為稍微分開，看物體的角度因而有些許不同，大腦

會結合這些影像，來判定物體的形狀、方位及在空間中的位置。然而，就連我們的眼睛也有限制，因為我們無法判定物體在陰影區的形狀，例如物體的背面或底面。要獲得這些影像，需要有更多雙眼睛從不同的位置觀看。為判定飛蛇的形狀，傑克與湯尼做了一個立體攝影裝置，由兩架分隔開來的高速攝影機組成，以建立立體視覺，就像人眼一樣。後來，他把攝影機增加到四到六架，以減少陰影區。攝影機被架在高塔的頂端，也就是蛇起飛的地方。三位當地的新加坡大學生物系學生——湯姆‧張 (Tom Chong)、溫蒂‧卓 (Wendy Toh) 與諾曼‧林 (Norman Lim)——站在高塔下方負責抓飛蛇，確保在蛇溜走前把牠們撿起來。

　　一旦攝影機和捕蛇人都就定位後，就輪到傑克攀爬高塔了。他把茂密的棕髮綁成馬尾，將黑框眼鏡的圓鏡片擦乾淨，把一個裝了蛇的棉布袋塞進皮帶，接著開始攀爬。高塔沒有任何樓梯，唯一可以抓牢的東西，就是一行只有一隻手寬度的橫檔。他一隻手抓著橫檔，另一隻手抓著組成鷹架平臺的橫槓，一步一步把自己拉到 10 公尺高的鷹架頂端。他可以感覺到高塔因為他的體重而前後擺動，這個高度讓傑克很不舒服，而且更雪上加霜的是，金花蛇跟所有的蛇一樣會咬人。金花蛇有兩組同心排列的牙齒，而且根據傑克應付牠們的自身經驗，牠們如果受到驚擾，可以用牙齒刺出小小的孔洞，使你流血。因此在攀爬時，傑克盡量避免大力碰撞到蛇。

　　來到高塔頂端後，傑克輕輕打開布袋，取出飛蛇。他抓住靠近尾巴的部位，以免驚嚇到牠。上次爬到高塔頂端時，他有

帶一根長長的樹枝，這次，他將樹枝伸長，試圖把蛇推到末端，蛇忽然攻擊他的手臂，並咬了一小口。最後，傑克成功說服蛇繼續前進。蛇纏住樹枝，頭部低垂，整個身體呈 J 形，這條蛇在樹枝上停留了好一會兒，頭部像潛望鏡般轉來轉去，觀察四周。

　　滑翔動物比鳥類等可以振翅飛翔的動物受到更多侷限。鳥類透過振動翅膀所產生的能量就能改變飛行高度，反之，滑翔動物只能利用滑翔一開始獲得的能量，牠們只能降落在比起飛點還低的地方，以及滑翔可及的距離。在滑翔前，飛蛇就像是準備投下炸彈的飛機，必須先掃視周遭環境，看看投下的這顆炸彈可以降落在哪裡。但跟炸彈不同的是，蛇在滑降中可以稍微控制方向，而且也得注意看有沒有必須避開的障礙物。最後，蛇必須對風況的改變很敏感，突如其來的一陣大風有可能會把牠吹回剛剛跳離的表面。經驗豐富的滑翔翼飛行員知道，應該避免在無法預測的風況下起飛。起飛需要經驗與勇氣。

　　那條蛇最後終於跳了（圖 3.4 A）。牠加速後彈離樹枝，好比一條從手中射出的橡皮筋。牠先是把身體伸直，變成一支矛，接著將身體攤平，就像眼鏡蛇的頸部般。原本指向地面的肋骨，現在像翅膀一樣往外張開，體寬加倍使蛇呈現微凹面狀，蛇把自己的整個身體變成翅膀了。在滑翔過程中，牠的頭部朝向地面。本來靜止不動的世界，開始以每秒增加秒速 10 公尺的驚人加速度移動，快到 1 秒鐘的時間就能從時速 0 公里加速到時速 30 公里。如果我們像蛇一樣自由落下，耳中前庭道的水便會漂動，使我們失去方向感。

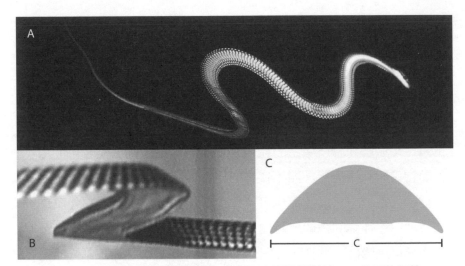

圖 3.4　金花蛇屬會從樹上躍下，在樹冠之間滑翔長達 200 公尺的距離。蛇的肋骨像鉸鏈，張開時身體的橫剖面會呈現三角形，以降低失速的影響。（圖片由傑克・索哈提供。）

　　自由落體的加速度對蛇來說可能就跟對我們來說一樣可怕，但這是必要的。唯有提高身體的速度，飛蛇的肋骨才能產生升力。自由落體的情況會持續超過 2 公尺的距離，當蛇的速度愈來愈快，牠會重新調整姿勢，將原本朝下的身體，透過抬起頭部和垂下尾巴，使身體趨近水平。牠把身體彎成 S 形，然後開始扭動，彷彿在空中游泳。這是在空中才會使用的特殊移動方式，跟在地面上的動作相比，頻率較低，振幅較高。

　　在肋骨張大、開始進行典型的身體動作後，蛇就從棍子變成了真正的滑翔者，以身體跟水平面呈 30 度傾角的方向前進。蛇開始產生更高的升力時，移動的軌跡也跟著趨向水平。如果

你站在蛇的下方，會覺得牠好像要掉到你頭上了，但牠接著又像抬起身體通過你的上方。蛇的軌跡會開始往前多些，往下少些，最後，牠的移動速度與方向會趨近穩定。

　　每下降 15 公尺，蛇會往前移動 30 公尺。雖然是以將近每小時 30 公里的速度飛行，牠卻依然能對周遭環境保持警覺。傑克的高塔矗立在空曠處，並無任何障礙物，但是在野外，滑翔中的飛蛇很可能會在路徑上碰到樹幹等阻礙。飛行動物通常是靠傾斜身體的動作來轉彎，但傑克發現，飛蛇有自己的一套轉彎法。蛇在左右擺動頭部時，會等到頭指向牠想轉的方向，接著才讓身體的其他部位跟著一起轉彎，就像在操控車輛一樣。

　　最後，蛇非常接近地面了，因此不得不降落。然而，牠不能像車子一樣踩煞車就好，而是必須改變姿勢來準備著地。牠會讓尾巴先著陸，頭部最後才落地。在後續的實驗中，傑克會觀察到飛蛇是如何降落在樹枝上的。降落在樹枝上時，蛇會使用不同的技巧：牠會瞄準一根樹枝，好讓尾巴能像鞭子一樣纏住它。這個纏繞動作可以使牠的速度盡可能漸漸放慢，以減低降落時對身體造成的衝擊力。

　　傑克從影片中可以看出，蛇一旦開始滑翔，其橫剖面就不再是圓形的了，而是呈現三角形，兩側為斜面，底部則有一點內凹，如圖 3.4 B、C 所示。翅膀的橫剖面稱作「翼形」(airfoil)，這是科學家第一次在蛇身上觀察到翼形。

　　翼形在飛行史上扮演很重要的角色。航空史雖然橫跨了兩千年，但是現代空氣動力學的根基卻是在近代才由英國工程學

家喬治・凱利 (George Cayley) 所奠定。倫敦的科學博物館便收藏了一個銀製圓片，上面有凱利在 1799 年所刻的固定翼飛行器草圖，成為往後一百年間飛行器成功的基礎。在圓片的背面，他還畫了機翼所承受的空氣動力，將力分為重力、升力、阻力和推進力。在接下來幾年，凱利還建造、設計，並測試好幾款有固定翼的滑翔機。這類滑翔機的機翼最初僅由木板製成，他建造了一個「旋轉臂裝置」，可用高速來旋轉木板，速度快到可以測量出機翼所承受的力。

　　旋轉臂實驗可以演示出飛機機翼所承受的主要力量。你可以在一輛行進中的汽車內把手伸出窗外，就能重現這些力，手的重量會產生往下的重力，這個力量就是飛機為了飛行所必須克服的力。飛機會產生推進力，將飛機往前推。飛機可以使用螺旋槳或噴射引擎來產生推進力，鳥類、蝙蝠或昆蟲則是使用振翅的方式。對你伸出車窗的手來說，推進力由汽車引擎產生，才能將你的手在空中往前推。當空氣拂過你的手時，會產生兩種空氣動力，第一種力是阻力，會讓你的手很想往後飛；第二種力是升力，如果移動速度夠快，就能讓飛機飛在空中不墜落。

　　當然，不是所有被拋到空中的物體都能產生升力，一隻豬不管跑得多麼快，牠身體的橫剖面永遠無法產生足夠的升力來讓牠飛起來。產生升力最重要的關鍵就是翅膀的方向，這是凱利在把平坦的木板放在風洞裡當作翅膀實驗時所發現的。如果將木板水平置放，氣流就會平均地分成兩半，流過木板上方和下方的空氣量是一樣的，基於對稱性，並不會有任何升力產生。然而，一

且板子的前緣往上傾斜，空氣就會開始改變方向。在低速的氣流下，亂流不會產生，空氣會整齊地貼著木板的頂部和底部流動，而在板子後，則是往後、往下流。氣流的轉向會造成兩個結果：板子會同時被往後、往上推，這兩個方向分別與阻力和升力的產生有關。所以，飛行其實很簡單：就只是翅膀傾斜的問題而已。這個傾角稱為「攻角」(angle of attack)，介於 0 度到 90 度之間。如果飛機希望獲得更多升力，就得增加攻角。

　　基本上，飛機是因為將迎面而來的空氣往下送，所以才能飛行。改變動量的方向可以為機翼產生升力，這個原則高攻角的情況下也依然適用。然而，當機翼的角度愈來愈大，氣流將不再順著機翼的頂部和底部流動，而是會分開，接著，尾流會變得紊亂，氣流不再遵循直線或曲線的軌道，而是交錯的軌道，並出現很多小漩渦。當氣流不再順著機翼流動，機翼就不太會產生升力，進而導致失速。

　　若說升力是飛行的救星，失速就是飛行的剋星。當飛行員想要攀升，就一定要增加機翼的攻角，以增加升力。然而，當攻角超過 15～20 度時，升力就會因為尾流變得紊亂而突然降低，接著機翼失速。傑克在 2008 年成為維吉尼亞理工學院的助理教授之後，與帕夫洛斯・維拉霍斯 (Pavlos Vlachos) 等人一起用水洞測試蛇的翼形，發現蛇的翼形能夠把攻角增加到將近飛機的 2 倍——近 25 度角，才會出現失速。不僅如此，蛇的翼形表現還十分穩固，繼續增加攻角也不會造成災難性的失速，而是能夠穩定地維持升力。

　　要更深入了解像飛蛇所具有的三角形橫剖面的好處，還需要更多相關研究。這種橫剖面不太可能被運用在固定翼飛行器上，因為這些飛行器的機翼形狀已經使用多年。飛蛇似乎是因為其 S 形的身形所以才具備優勢，空氣流過蛇的頭部時所產生的渦旋可能會與位在下游的身軀發生互動，蛇會對這些氣流做出反應，藉由擺動身軀來獲得更多的升力。這個研究領域稱作「流體–結構交互作用」(fluid-structure interaction)，當設計一排排相同結構體（如路燈和電線桿）時，就會派上用場。

　　在這一章裡，我們學到動物如何使用具有特殊形狀的身體部位來影響流體運動，進而讓自己獲得益處。然而，形狀不是影響流體的唯一方式，動物演化出特殊的表面結構——例如毛髮或鱗片，也能夠影響流體在身體周圍流動的方式。在下一章，我們將會看看科學家是如何研究這些小構造的。

第四章

睫毛與鯊魚皮

　　自 1972 年起，過敏專科醫師就開始使用一份症狀列表來判定一個孩子是否罹患過敏，這些症狀包括：睡眠不足造成的黑眼圈、頻繁擤鼻涕造成的鼻子皺痕、還有「絲綢般的長睫毛」。最後這個症狀並未解釋成因，卻跟其他症狀一樣，已經在醫學實務上沿用多年了。在 2004 年，以色列的過敏專科醫師決定測試這項判斷過敏的依據，他們測量了對塵蟎有過敏反應的患者的睫毛長度，以及那些完全沒有過敏症狀的人的，發現過敏孩童的睫毛長度比無過敏孩童的還長了 10%。這個發現非常有趣，研究者對箇中原因也有一個想法，他們猜想，眼皮邊緣有一種特化的肥大細胞 (mast cell) [1] 會扮演「中央開關器」的功能，釋出化學物質，導致毛髮生長。我在讀這份研究時也同意作者的

1　肥大細胞：一種分布於皮下和黏膜組織的免疫細胞。過敏原會造成肥大細胞釋出組織胺等物質引發過敏反應。

看法，認為看似相關的事物可能具有因果關係：患者接觸塵蟎會因此長出較長的睫毛。然而，我同時也感覺到他們的解釋少了點什麼，明確說來就是：長睫毛能帶來什麼好處？其他研究也提出睫毛對健康很重要，睫毛脫落的病症 (madarosis) 也和眼睛受到感染的風險增加有關聯。究竟睫毛是如何保護我們的？

　　動物的四周都是塵土。動物移動的速度愈快，塵土沉積的速度也愈快，就好比行駛在高速公路上的汽車會受到雨滴猛攻一般。塵土本身無害，卻可能攜帶病菌，特別大的顆粒也可能會傷害哺乳動物又溼又脆弱的敏感眼睛。當動物四處移動時，要如何保護眼睛？這些問題都很難回答，所以我先問了一個簡單的問題：哪些動物有睫毛，牠們的睫毛又有多長？

　　為了知道哪一種動物的睫毛最長，我找了流體力學課堂上的學生、同時也是布魯克林當地人的彼得・莫枯修 (Peter Mercutio) 到美國自然史博物館走一趟。他不是要去開放給大眾參觀的區域，而是要去研究人員專用的地方，裡面充滿無價的收藏，有著一層層的保全裝置。要進入這個區域，我們得填寫一份冗長的申請書，就像要出國似的，我們得詳細說明目的，並列出我們想看的物種名稱。館方清楚告知會有人全程陪伴彼得，而且他只能看一小部分的收藏。然而，一旦進到裡面，就很容易忘了為了進去所需付出的一切努力。

　　身為研究動物運動的科學家，最大的樂趣之一就是可以看見自然史博物館的後臺。隱匿的入口和神祕的電梯按鈕可以帶你到地下好幾層樓，抵達不開放給大眾參觀的區域。在防震的房

間所組成的迷宮裡，有無數個裝滿骨頭、毛皮和羽毛的架子和櫃子，是由美國的先驅、探險家，甚至是前總統所蒐集的。現今，館方和科學家到世界各地努力蒐集大自然豐富多元的物種標本，好在多樣性消失前將它們保存起來，也因此館藏愈來愈多。

　　彼得在博物館的地下迷宮待了一個星期，小心檢視動物皮毛上的睫毛（附圖 7 是後來在亞特蘭大動物園拍攝的山羊睫毛）。彼得拍了眼球部位的照片，並且測量了眼窩大小和睫毛長度。眼睛如果是圓形的，我們就測量直徑，如果是橢圓形的，就測量眼球高度和寬度的平均值。刺蝟的眼睛只有 0.5 公分寬，和鉛筆上的橡皮擦一樣小；長頸鹿的睫毛最長，約 1.5 公分，眼睛則將近 4 公分寬，跟卡布奇諾咖啡杯差不多。人眼只有 2.4 公分寬，通常只有一層睫毛，除非你和女星伊莉莎白·泰勒（Elizabeth Taylor）一樣天生基因突變，導致有雙層睫毛。

　　把所有數據放在一起時，我們驚訝地發現，睫毛的長度可以輕易地用數學公式來描述。平均而言，睫毛的長度大約是眼睛寬度的 1/3，這稱作「定比」（constant proportion）或等速生長，如同上一章所觀察的尿道一樣。換言之，長頸鹿的眼睛其實就只是刺蝟眼睛的放大版罷了。眼睛愈大，睫毛愈長，兩者的比例固定。

　　這真是個很怪的發現，我們原本預期睫毛的長度分布並無章法可言。睫毛的密度就沒有規律，每 1 公分長可能排列 20～80 根睫毛。但不知何故，動物各異的體型、棲地及差異極大的譜系關係卻都讓牠們長出長度比例一樣的睫毛。最佳的睫毛長

度為何，又能為動物帶來什麼好處？這是一個開放性問題，我沒有答案，只能憑直覺猜測。

我 2008 年來到喬治亞理工學院時，和一位又高又瘦的俄羅斯人艾力克斯・阿列克謝耶夫 (Alex Alexeev) 成為好友，他很喜歡講一些令人鬱悶的笑話，而且可以連續好幾個小時不斷重複播放拉威爾 (Ravel) 的舞曲《波麗露》(*Bolero*)。他在莫斯科和以色列受過教育，後來成為蠻力數值模擬 (brute-force numerical simulations) 的專家，擅長計算數以百萬計的微小流體顆粒在流場中的運動。使用艾力克斯的技術來計算在三度空間的運動相當有用，只用紙筆是很難計算的。對他來說，沒什麼問題是解決不了的，於是我們便開始合作。我們一起完成的第一篇論文是在我開始思考睫毛的前一年發表的，那篇論文研究的是世界上最大的南瓜──重達 900 公斤左右──的生長。當南瓜這麼大時，它的重量會拉扯組織，促進某些部位生長，導致南瓜長得很寬，但卻不高。艾力克斯在校園角落一個悶熱的小房間裡放了 50 臺電腦，使用電腦叢集來做運算。房間需要空調系統，電腦才不會燒掉。

我告訴艾力克斯有關睫毛定比的發現，他寫了一個程式，來預測風直接吹向動物眼睛所造成的氣流，這跟動物往前走時會產生的氣流類似。程式寫好以後，他就能輕易調整睫毛的長度，以觀察睫毛如何影響眼睛周圍的氣流。

艾力克斯的電腦日以繼夜運轉了整整一星期，最後，他發現有著 1：3 這個比例的睫毛可以發揮防風林的作用，減少拂過眼睛表面的氣流。艾力克斯的工作告訴我們，電腦是了解生物系

統的重要設備，特別是當我們完全不知道該從哪裡著手進行實驗時。看來，睫毛似乎真的會造成影響，但若沒有實驗證據來支持，沒有人會相信我們。於是，我們決定建一個睫毛的風洞。

　　要在機械工程研究所的學生中找到想要研究睫毛空氣動力學的人並不容易，但是，在某一屆有 50 名新生的班級中，我注意到有一位學生對生物學有點興趣。我第一次遇見吉耶摩・阿瑪多 (Guillermo Amador) 時，他留著一頭長髮、戴著一條皮革腕帶、穿著一件褪色的委內瑞拉足球 T 恤。他曾在《國家地理雜誌》看到我關於蛇類研究的文章，因此想來了解更多動物方面的研究。他很有想法，鏡片後的那雙眼睛看起來充滿智慧，他願意把睫毛研究當成博士論文的主題。

　　吉耶摩被艾力克斯的電腦模擬所啟發，開始建造一個用來研究睫毛的風洞。他想創造用悠閒的步調走路時會產生的風，也就是每秒 1 公尺或每小時 3.6 公里左右的風速。這是我們估計動物走路時會有的速度：牠們往前走時所創造的微風會吹到眼睛（至少眼睛朝前的動物是如此），這樣的風速比市面上任一種風洞的速度都要慢。用來研究飛行器模型的專業風洞可以產生高達每小時 650 公里的流速，無法穩定產出我們測試睫毛時所需的速度，所以吉耶摩決定自己建一個風洞。他用一個舊的桌上型電腦風扇把空氣吸過隧道，一個排滿吸管的壓克力管則能消除渦流。整個裝置不大，可以放在桌面上。

　　接著，我們必須測量眼睛表面的空氣運動。這就是人在校園的好處了，因為一般家庭的日常物品在學校都有高科技的版

本。比方說，我們會踏在家中浴室的體重計上量體重，體重計的實驗室版本稱作「分析天平」(analytical balance)，可以量測到螞蟻體重的 1/10 的重量，它使用的高精準度螺線管，能將極細微的移動轉換成電子信號。此外，天平每秒鐘就會更新一次讀值，銷售員喜歡做一個簡單的示範來展現分析天平的能力：他會放一杯水在上面，當水隨著時間漸漸蒸發，天平的讀值也會開始往下降。

　　多年來，這個神奇的示範一直印在我腦海中。我們通常會以為蒸發的速率是難以想像的慢，但是沒想到竟然有實驗可以測量得到。我想，分析天平正是研究淚膜水分蒸發的完美工具。我們在裝了水的迷你茶杯上排滿假的人類睫毛，並剪成適當的長度（圖 4.1，左），之後我們還嘗試使用篩網，效果和人類睫毛一樣，而且比較容易修剪（圖 4.1，中）。我們把風洞放在上方，讓空氣往下送，並將杯子擺在吹得到風的地方。我們啟動風洞，然後靜靜等待。即使打開了風洞，杯中的水蒸發速率還是很慢，大約是每分鐘 1 毫克，相當於每分鐘一隻螞蟻的重量。

　　結果令我們感到訝異，睫毛對水的蒸發速率確實有驚人的影響。沒有睫毛的杯子會花 10 分鐘蒸發，但若加上最佳長度的睫毛，就可以把這個時間延長到 20 分鐘。怪的是，我們如果使用更長的睫毛，這個功效就會消失；長睫毛有負面的效果，跟沒有睫毛一樣糟。我們猜測，若動物擁有最佳比例的睫毛，牠的淚膜水分蒸發速率是沒有睫毛的動物的一半；當蒸發速度只有一半，眨眼睛的次數就能減少成原來的一半。人類大約每 6

圖 4.1 睫毛可以避免眼睛乾燥。為了測量不同長度的睫毛所具備的功效，我們使用了不同種類的假睫毛來保護一小杯水，其中包括：人類頭髮做成的睫毛（左）、人造篩網（中）及不具通透性的紙板（右）。風洞會將空氣往下送，吹到睫毛上，而水的重量則用分析天平測量。

秒眨一次眼，因此在一生中，睫毛可以幫你省下超過一億次的眨眼動作。

　　最佳睫毛長度只有在睫毛能透氣的情況下才有用。當我們用廁所衛生紙筒做成的迷你紙筒來代替睫毛做實驗（圖 4.1，右），紙筒減少蒸發的程度比同長度的睫毛還要多，然而，紙筒睫毛不存在所謂的最佳長度：筒子愈長，蒸發愈少。紙筒的問題在於，光線無法穿透到眼睛，而且很難清潔——這只是動物的眼睛周圍為什麼沒有演化出廁所紙筒的其中兩個原因。因此，我們回到透氣睫毛的研究上。

　　遮護眼睛的睫毛也可能會減少塵土沉積。為了研究睫毛的這項能力，我們在風洞中灑下加溼用的噴霧，這些水霧是由微小的水珠組成，寬度大約是人類頭髮的 1/10，然後在噴霧中摻入綠色螢光染劑，以便能更輕易地測量水珠沉積的狀況。我們發現，最佳睫毛長度能夠使水珠的沉積減少 2 倍。這種可以擋住顆粒的

能力在沙漠等乾燥地帶顯得格外重要，因為在這些地方，空氣中容易揚起大量顆粒。事實上，沙漠中的動物除了擁有正確長度的睫毛外，還演化出其他特徵。駱駝擁有多層睫毛，可以更進一步阻擋氣流；如果睫毛仍不足以阻擋顆粒，牠們就會閉上自己的透明眼皮──瞬膜 (nictitating membrane)，以順利穿越沙塵暴。

　　艾力克斯的模擬可以輸出「氣流的流線」(flow streamlines)，也就是空氣吹向眼睛時所依循的特定軌道。當把睫毛的長度增長，我們就能看見其對流線造成的影響。若沒有睫毛，乾空氣會立即影響到眼睛，從眼睛表面偷走水分子，空氣也會帶來塵土，弄髒眼睛。只要長出一點點睫毛，就能發揮像馬路上減速丘的作用，使空氣減速，因為迎面吹來的空氣會比較早轉向，使眼睛表面被一層靜滯的空氣給包圍。然而，睫毛如果太長，便會出現漏斗的作用，從遠方快速吹來的空氣會被導引進入這個漏斗，使眼睛感受到更多的氣流，這是因為，比起穿過一根根睫毛之間，空氣順著睫毛流動更加容易。因此，在減速丘和漏斗之間所找到的折衷點便是形成最佳睫毛長度的原因，這能使睫毛的遮蔽效果達到最佳化。

　　睫毛是一種低效能但省能量、無須維護的空氣濾淨器，人造的空氣濾淨系統效能高上許多，可以移除更多顆粒，但是耗能且維護成本也高。睫毛不會消耗任何能量，因為它們利用的是動物前進時所產生的氣流；家用空調設備則需要有個幫浦，來將空氣推過紙製的濾網，因為濾網很厚，所以必須使用大量能量來抵抗空氣推過濾網小孔時所產生的阻力。隨著時間過去，

這種不斷把空氣硬塞過去的動作會使濾網堵滿顆粒，因此濾網必須定期更換。相較之下，睫毛不會吸收顆粒，所以不需更換，它們純粹讓氣流偏離目標物，這就能減少動物消耗在眨眼上的能量，並降低顆粒對眼睛的衝擊。

　　一般而言，我們並不擅長建造低效能、低維護的系統。目前，世界各地的太陽能板因為積塵的緣故，每年收集到的能量減損了 6%，在赤道附近的能量減損狀況最糟，雖然這裡被認為是安裝太陽能板最有利的地點。目前為止，唯一的解決辦法就是用橡膠刮水器將太陽能板一個一個清理。橡膠刮水器和許多人工系統一樣，移除塵土的效果幾乎是 100%，但每一塊太陽能板都必須靠人工來維護，數量一多就很難執行了。睫毛或其他類似的保護結構可能會是個好的解決方案，它們依然可以讓光照到板面上，但能減少一半的清理次數。

　　睫毛是向外伸入周圍氣流中的小結構，大自然中有無限多種相似的裝置，隨處都找得到例子，例如蛇的鱗片、水黽身上的細毛和鳥的羽毛等。生物是由個別細胞所組成，因此具有演化出細微結構的潛能。這些細微結構有什麼用途呢？那些像高爾夫球表面凹凸不平的紋理真的可以影響物體穿過流體的路徑嗎？答案是肯定的，但前人花了將近一百年才得到這個結論。

　　在 1744 年，柏林皇家科學院開始舉辦論文競賽，主題非常多樣；1749 年的主題是流體的運動。法國數學家讓・勒朗・

達朗貝爾 (Jean le Rond d'Alembert) 參加這次競賽，採用當時廣為學界接受的理論，寫了一個很了不起的數學證明：他證明水下物體的阻力應為零。這個概念後來被稱作達朗貝爾悖論 (d'Alembert Paradox)，是多年來關於理想流體理論研究的巔峰。這個悖論將流體力學分裂成兩派，到了今日依然如此。諾貝爾化學獎得主西里爾・欣謝爾伍德 (Cyril Hinshelwood) 後來是這麼描述當時的狀況：一派是水力學 (hydraulics)，觀察無法用理論解釋的現象的領域；另一派是理論流體力學 (theoretical fluid mechanics)，解釋無法被觀察到的現象。這兩個領域各自朝著自己的方向努力前進，前者以實證經驗為基礎進行測量，後者則繼續達朗貝爾的計算，試圖解開這不可能的物理現象。

　　1904 年，在達朗貝爾悖論被提出的一百五十年後，爭議終於獲得解決。德國工程師路德維希・普朗特 (Ludwig Prandtl) 點出達朗貝爾論文裡的遺漏之處在於流體的黏滯性。所謂的黏滯性，就是流體的「濃稠度」或抵抗流動的程度。達朗貝爾在計算時忽略黏滯性，是因為（在探究的脈絡下）流體的黏滯力比慣性力小很多倍，但普朗特證實這個概念是錯誤的。其實，黏滯性重不重要取決在你多靠近移動中的物體。

　　試想一個正在流體中移動的物體，物體周圍的流體可以被離散成好幾層，就像一疊撲克牌，一定要產生相互滑動的「剪切」運動，它才有辦法移動。最靠近物體的牌會持續黏著物體，這稱作「壁面定律」(law of the wall)。流體的黏滯性愈大，每一張牌就愈難「剪切」。你可能會以為，物體移動時，黏滯性會影響物

體周圍所有的空氣,使每一張牌都移動一點點,移動距離則取決於牌與物體的遠近。但事實上,遠離行進中的拋射體的空氣會是靜止的,彷彿沒有發覺該物體的存在一般,只有物體周圍薄薄的一層空氣才會感覺到物體的存在,普朗特把這稱作「邊界層」(boundary layer),物體是透過這層空氣才感受到大部分的阻力。

邊界層直到 1904 年才被發現的原因之一,是因為這層空氣非常難被觀察到。當你踢足球時,移動中的足球只會產生 0.1 毫米厚的邊界層,這很難被觀察到,而移動速度更快的物體,它的邊界層又更薄了,但無論多麼薄,物體就是透過這小小的空間來與外界互動。在邊界層裡,物體會導致空氣迅速剪切,而空氣的黏滯性便會抗拒這個動作,並對物體施加阻力,所以,物體就會被周遭那一層薄薄的空氣給影響。從物理學的角度來看,這就是為何物體表面的微小改變,就能顯著影響它所受到的阻力。理論上,只要在物體表面加入微觀尺度的凹凸不平結構,就可以影響邊界層,從而影響阻力。雖然這個概念等到多年後才被嚴謹地分析探究,但同一時間,在體育世界中,高爾夫球員也開始了解到表面粗糙性的重要。使用凹凸不平的結構來減少阻力的概念,最早可能就是在高爾夫球這項運動中被發現的。高爾夫球沒有螺旋槳、翅膀或其他可以賦予它定向或待在空中的裝置,而是必須仰賴球員最開始施加的那不到 1 秒鐘的驅動力,來控制接下來 10 秒的飛行運動,在這樣的情況下,球與空氣之間的交互作用就顯得至關重要了。

　　第一種被廣泛使用的高爾夫球，就是蘇格蘭人羅伯特・派特森 (Robert Paterson) 在 1848 年發明的馬來樹膠球。這種球就像捏黏土一樣，是用馬來膠木乾掉的樹汁塑形而成的，比當時典型的皮革球還便宜。樹膠球受歡迎的另一個原因，來自經驗豐富的高爾夫球員在當時所觀察到的一個無法解釋的現象。新的樹膠球很平滑，但在被擊打後會出現坑疤，在高爾夫球桿的反覆擊打之下，球的表面會變得凹凸不平，充滿凹洞的舊樹膠球引起人們的注意，因為它們飛得比較遠。今天，高爾夫球表面都有電腦計算過所刻意加上的凹洞，和平滑的高爾夫球相比，可以減少 2 倍的阻力，這也意謂同樣擊球條件下，有凹洞的球可以飛得更遠。

　　要知道凹洞的運作原理，請先假想一顆平滑的球。當空氣吹中球時，會緊貼著球的圓周繞行。空氣沿著球的表面移動時，會漸漸慢下來，因壁面定律作用的緣故，像一疊撲克牌一樣剪切滑動。空氣的速度變得很慢，在它終於繞球一整圈後，會變成往上游移動，跟球飛行的方向一樣，這會產生真空，在球後方形成低壓尾流，將球往後吸，增加所受到的阻力。

　　有凹洞的球有助減少吸力，因為空氣不會順順地流過凹凸不平的表面，而是會與周遭空氣混合。周遭的空氣移動的速度比邊界層內的空氣還要快，快速移動的空氣混了進來，就像充滿活力的人走進一場無趣的派對，速度慢的空氣被注入新空氣的活力，兩者混合後就能以更快的速度繞著球移動，球後方的尾流變少了，球就能在較少的阻力下飛行。

　　凹洞的好處過了這麼久才被發現是有原因的——它非常違反我們的直覺。直覺上,讓物體的表面平順光滑是降低阻力的最佳辦法,無論是在空中抑或水裡移動。船就是個早已眾所周知的例子,因為藤壺以及其他藻類和動物很容易附著在船底,而造成海洋生物積垢 (marine biofouling),這些積附在船身的生物可能會使船的阻力增加 60% 之多。尤其當船和飛機必須把所有的燃料帶著時,阻力增加的問題便特別嚴重:阻力愈大,船就必須攜帶愈多的燃料;燃料愈多,船就變得愈重,在水中沉得愈深,進而又會產生愈多阻力。因此,總共必須增加超過40% 的燃料,才能夠克服海洋生物積垢的效應。附著在船身的藤壺及其他海洋生物所形成的表面結構太大,無法減少阻力,唯有在邊界層內的細微粗糙結構才能辦到。

　　運用粗糙表面來混合邊界層流體以減少阻力的概念也被應用在飛機和汽車上。飛機的機翼和汽車的車頂上雖然沒有高爾夫球的凹洞,但卻有許多小小的導片,和凹洞一樣可以混入快速移動的空氣,以減少阻力。市售最成功的商品案例之一就是肋狀溝槽膠帶 (riblet tape),會取這個名字,是因為這種膠帶的表面神似一排高低起伏的肋骨,覆滿了寬度只有頭髮 1/3 的微小三角形溝槽。肋狀溝槽膠帶被應用在飛機的機身、遊艇的船身、甚至風力機的葉片上,但它的問題就在於若要貼滿整個表面會相當昂貴;此外,膠帶只能靠手工貼上,會因塵土磨損表面而隨著時間而失去功能,而且也讓防凍液很難被塗覆上去。

　　雖然阻塞和磨損的問題限制了在商業載具的表面上添加這類表面結構，但是，各種表面結構在大自然裡卻十分常見。你有多常看見完全光滑無瑕的動物？無論在陸上或水中，動物身上的表面結構都能幫助牠們移動時減少阻力。蛇與地面的接觸說穿了就是身體的局部區塊與地面的摩擦行為，而這受到蛇的表面化學所影響。同樣地，在流體中游泳或飛行的動物所承受的阻力，說穿了就是其表面結構與經過的流體之間的交互作用，這對游泳的動物分外重要，因為水的密度是空氣的 1,000 倍。沒有任何動物比鯊魚更懂得減少阻力。

　　鯊魚玩的是耐力遊戲，因為牠們得不停游泳，才能讓水持續流過魚鰓，此外，獵捕的生活型態要求牠們必須要能夠在獵物接近時迅速移動。速度最快的鯊魚能以每小時 70 公里的速度短距衝刺，速度逼近全世界最快的潛艇——蘇聯 K–222 型。多年來，人們一直以為鯊魚的速度祕訣來自鯊魚皮。在下一則故事中，我們將看到要如何測量鯊魚皮的減阻特性。

　　哈佛大學的生物學教授喬治・勞德 (George Lauder) 與他的兩位學生在波士頓的魚市裡看著一隻躺在冰塊上、身長 1 公尺的尖吻鯖鯊 (*Isurus oxyrinchus*)。牠的身體看起來就像是為了速度而造，有著子彈形的鼻子，接著是三角形的魚鰭，最後則是帶有角度的長尾鰭，像一根冰上曲棍球桿。喬治摸過鯊魚厚實的灰色身體。剛摸到鯊魚時，他嚇了一跳，鯊魚皮摸起來非常

粗糙，就像顆粒最粗的砂紙一樣，只是看不見顆粒。玻里尼西亞的毛利人很久以前就知道鯊魚皮很粗糙，因此會使用乾燥過的鯊魚皮來打磨船身；日本人則把鯊魚皮用在劍柄上，以防止劍從手中滑落。在顯微鏡底下，可以看出鯊魚皮有類似貓毛的顆粒（圖4.2）。在不同的身體部位，顆粒的粗糙度就不同，在吻部和魚鰭等身體前緣的最平滑，魚鰓、腹部和尾巴的粗糙度感覺都不一樣，彷彿在五金行裡逛專賣砂紙那排走道，看見一桶桶等級不同的砂紙一般。要覆蓋一條魚的話，粗糙的皮膚看來是奇怪的材質，尤其還是在全世界速度最快的魚身上。

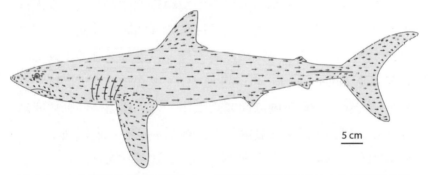

5 cm

圖 4.2　尖吻鯖鯊的魚鱗排列走向。箭頭表示受體表鱗片走向所導引的流體流向。（圖片改編自沃芬斯特‧海夫 (Wolf-Ernst Reif) 的原圖。）

　　成年的尖吻鯖鯊大約和福斯金龜車一樣長，重 140 公斤左右，能以每小時 70 公里的速度來進行短距衝刺，並能跳出水面 6 公尺高，相當於兩層樓房屋的高度。喬治還記得他以前去遊釣時，尖吻鯖鯊常會追逐他們的快艇。尖吻鯖鯊看起來其實不像在游泳，而比較像蒼蠅那樣迅速地飛來飛去。鯊魚在轉彎過程

中，有辦法進行急彎 (contragility)，潛艇和飛機雖然可以達到很快的速度，卻沒有這種能力。尖吻鯖鯊在追逐獵物時，可以輕易地在成群的海草或珊瑚礁之間不斷變換方向。如果你想建造一種具備這個能力的裝置，會面臨一個根本上的問題：若想快速改變方向，魚鰭必須以高攻角面對水流，然而，攻角一大，流體就不會貼住物體表面，而是會與之分離，進而產生小渦流，使阻力增加、升力減少。尖吻鯖鯊能夠具備這樣的游泳能力，說穿了就是因為牠的「黏性」很高，有辦法在牠切過水流時，讓流體緊貼體側平順流過。

鯊魚和海豚的運動速度已經引起科學家關注許久，牠們被認為有「快速的皮膚」這種結合減阻特性的神祕表面。海豚皮光滑明亮，跟溼漉漉的人類皮膚一樣，只是厚上許多，密度和矽氧樹脂 (silicone) 差不多；相較之下，鯊魚皮卻有著砂紙的質地，雖然鯊魚是魚，鱗片卻非常微小。為了找出這些動物能高速運動的原因，最早的實驗是把死掉的海豚和鯊魚綁在行進的船後和在水洞中拖行。令人失望的是，鯊魚和海豚的阻力係數很相近，跟小餐盤差不多，這人驚訝，因為鯊魚皮很粗糙，而海豚皮卻很光滑。因此，早期使用死鯊魚所進行的實驗並沒有揭示鯊魚鱗減阻的功效。

之後，有人試圖做出仿鯊魚皮的結構來進行實驗。德國推進科技學院鑽研亂流的研究人員 D・W・貝赫特 (D. W. Bechert) 是這項實驗的要角，他在 1980 年代建造了一系列以鯊魚為靈感製成的表面。當時，美國的科學家已根據流體力學創造出肋狀

溝槽膠帶，因此，德國人希望能精準地複製鯊魚皮，發明能夠減阻的表面結構，打敗美國人。

　　貝赫特以魚鱗的顯微影像為模版，用手雕出大小約 6 公分的黏土模型，是真實鯊魚鱗的 600 倍大。他使用縮放銑床(pantograph-copy milling machine)，也就是附加在一般銑床上的一種工具，透過運用一系列的連桿組來描摹樣版的輪廓，再使用旋切機切出小 100 倍的版本，變成只有小拇指指甲的大小。緊接著，再用塑膠鑄造機做出超過 800 個聚苯乙烯複本。這些人造鯊魚鱗可以被裝在一片模擬鯊魚身體的金屬板上，金屬板上的板片彈簧能讓這些人造鱗片旋轉，就跟真正的鯊魚鱗片一樣。

　　整個裝置放在一個專門建造的水洞中，以油來流過塑膠鱗片進行測試。測試時用油而不用水好像很怪，但這是流體力學常用的手法。這麼做的原因是，人造的鯊魚鱗比真正的鯊魚鱗大了 600 倍，為了重現相同的流動狀態與物理現象，就必須增加測試流體的黏滯性來抵消尺寸放大的效應。想像一下你把鯊魚鱗放得非常非常大：在很高的放大倍率之下，流體的確會顯得比較黏稠，也就是說，黏滯力的大小取決於運作系統的大小，這個概念稱作「動力相似性」(dynamic similarity)。這就是為什麼風洞和水洞可以提供有用的數據：科學家可以把船和飛機的縮小版放在這些系統中，透過改變流體速度或黏滯性，以重現真實世界的狀況。

　　排好彈簧和鱗片後，德國的研究人員發現阻力少了 3%，這個結果令人大失所望，減阻的效果遠小於美國人發明的肋狀溝槽。美國人發明的肋狀溝槽是由許多三角形的溝槽組成，完全不像鯊魚皮，但是和一個沒有任何鱗片的盤子相比，卻能夠減少 10% 的阻力。貝赫特和流體力學領域的大部分科學家依然對鯊魚鱗片百思不解，為什麼簡易的三角形溝槽效果就這麼好了，但鯊魚還是用了這麼複雜的構造？

　　從那時起，消費市場對鯊魚皮的興趣又更高了。在 2000 年，英國設計師、同時也是前游泳選手的費歐娜‧費爾斯特 (Fiona Fairhurst) 開始把心力放在以鯊魚皮為靈感製作泳裝上。她設計了許多泳裝，包括 Fastskins 和 LZR 泳裝，這些泳裝是由速比濤 (Speedo) 生產，從脖子到腳踝完全把身體包覆住，表面有隆起，希望能藉由模仿鯊魚鱗來減少阻力，速比濤聲稱這些泳裝可為游泳者減少 6% 的阻力。泳裝在 2008 年上市，以為北京夏季奧運做準備。共有 150 件泳裝被發放給世界頂尖的運動員，最後，穿了速比濤泳裝的選手打破了 25 項世界紀錄當中的 23 項，國際游泳總會因此進行投票，全體一致反對使用這種泳裝。他們說，這種泳裝是種科技禁藥，就跟蹼狀手套和蛙鞋一樣，可以改善游泳者的速度、浮力和耐力，讓穿戴的人擁有對他人不公平的優勢。這項爭議上了全國頭條，引起喬治的好奇，想了解這些泳裝究竟是如何運作的，他找到一位有興趣以鯊魚皮為論文主題的德籍碩士生約翰內斯‧歐夫納 (Johannes Oeffner)。

約翰內斯抵達劍橋不久後，便開始展開論文研究。他開車載著另一名學生到當地的魚市，買了兩條冷凍鯊魚——一條尖吻鯖鯊、一條鼠鯊，但為了運送方便，只買了鯊魚後半部的身體。他在小掀背車的後車廂鋪了一張帆布，把鯊魚放好，它們躺在車內看起來就像被擊倒的保齡球瓶。接著開車回到喬治的實驗室，就位於哈佛大學比較動物學博物館所新擴建出的建築裡；博物館是棟維多利亞式的華廈，看起來簡直就像《阿達一族》的主角們會住的地方。鯊魚總重超過 50 公斤，必須使用推車才能從車上運到實驗室。抵達實驗室後，學生們圍在旁邊欣賞這兩條鯊魚。鯊魚肉是粉紅色的，血水非常少，魚皮黏得很緊。約翰內斯跨坐在鯊魚身上，好像在騎鯊魚似的，接著使用夾鉗和刮鬍刀的刀片慢慢地割下鯊魚皮。過了兩個小時，他共割下四片魚皮，每一片都長 50 公分、寬 15 公分，雖然已經盡量貼著皮割，但還是有粉紅色的魚肉殘存在皮上。魚皮必須進行清理，但現在時間已經愈來愈寶貴，因為鯊魚持續腐敗中。這些鯊魚是前一天捕撈的，他要割下魚皮、進行阻力測試，有的時間並不多。

　　約翰內斯用一組解剖刀從魚皮上剝除更多魚肉，他身邊全是一堆堆粉紅色的鯊魚肉，好像咀嚼過的口香糖。鯊魚皮清理得夠乾淨了之後，他用混合了水和細沙粒的高壓水刀去除那些黏得太緊、無法用解剖刀處理的肉屑。到最後，他雖然累壞了，但卻很滿意，他得到四片乾淨的長方形鯊魚皮革，一面灰色、一面白色。他把這些皮革拿給喬治，讓他仔細檢查。

　　喬治擅長研究魚類，因此他知道該用哪一種實驗來測試鯊魚皮，他希望測試時能盡可能接近鯊魚的運動狀態。以前的科學家是把鯊魚皮貼在一塊硬梆梆的板子上，接著在水流過板子時測量阻力。但在現實中，鯊魚會擺動身體和尾巴來產生推進力，這個擺動的動作會產生新的流動型態，並和具有彈性的鯊魚皮產生交互作用。喬治擁有世上少數可以模擬魚類動作的工具之一，能夠重現鯊魚的動作。

　　十年前，喬治邀請一位名叫詹姆斯・坦戈拉 (James Tangorra) 的機器人學家到他的實驗室做博士論文。五年的研發成果就是一個可以創造魚類游泳動作的裝置。想像一下，一艘不是靠螺旋槳、而是靠機器魚尾往前推進的汽艇，詹姆斯研發出來的裝置本質上就是這樣，他稱這個裝置為拍動器。這個裝置會控制一片和水流平行的水翼（或板子）的動作，就像一面順風飄揚的旗子。拍動器設置在一個幾乎無摩擦力的空氣軸承上，就像空氣曲棍球桌上的圓盤一樣浮在半空中，因此，拍動器承受的力完全來自其與流體的交互作用。有兩個馬達負責控制板子，讓它做出類似魚的動作，板子可以俯仰傾斜，改變它與來流之間的角度；它也可以側向移動，就像魚會閃避障礙物一樣。喬治打算給拍動器穿一套新衣，也就是鯊魚皮製成的新衣。

　　為了讓拍動器做出類似鯊魚的動作，約翰內斯和喬治先用活的鯊魚做實驗。他們向水族動物販賣商買了一條 30 公分長的白斑角鯊，訓練牠在一個實驗水槽 (flume)（即水洞）裡巡航。鯊魚可以一直維持在每秒 1.5 個體長的速度下游泳，比游泳游得

最快的人類還要再快一些，要用這樣的速度游泳，鯊魚只需悠哉地以每秒 1 次的頻率來回擺動尾巴即可。在野外，牠們可以維持這種速度好幾個小時，游來游去尋找獵物。約翰內斯將白斑角鯊游泳的身形記錄下來，要以這種輕鬆的速度游泳，牠會把身體拱起，曲率半徑和餐盤差不多大。現在，他知道要將拍動器的形狀和頻率設定成什麼樣子，接著就要建造魚鰭的部分了。

　　約翰內斯打算用鯊魚皮革做出一種有彈性的鯊魚皮旗子。首先，他必須找到適用在鯊魚皮上的黏膠。實驗室裡有各種黏膠，包括白膠、橡膠黏合膠和熱熔膠等，但三秒膠似乎成效最好。為了小心地將兩片鯊魚皮黏在一起，約翰內斯必須用兩塊木板緊緊夾住鯊魚皮，經過幾次差點把自己的手指給黏在一起的千鈞一髮狀況後，他終於知道要怎麼把鯊魚皮黏得近乎天衣無縫了。最後，他總算做好灰色的鯊魚旗，魚皮粗糙的那面朝外。他將旗子接在拍動器的桿子上，也就是平常裝設水翼的地方。接著，他將拍動器來回拍動，讓旗子側向擺動，或改變俯仰角度，來模擬他先前觀察到的白斑角鯊的動作。在鯊魚旗來回擺動的同時，整個拍動器也在水洞中往前推進，後來，約翰內斯知道要怎麼調整水的流速，讓拍動器能在水流中維持在固定位置上，此時，拍動器所受到的阻力和獲得的推進力總和等於零；此外，讓拍動器維持靜止不移動的流速愈快，也就代表拍動器的游泳能力愈好。

　　約翰內斯知道該怎麼測量游泳的效能後，便準備好測試鯊魚鱗片的成效了。要測試鱗片的成效，他必須設計一個對照試驗，來比較鯊魚皮和平滑表面之間的差異。在科學上如何恰當

地控制變因，是每位科學家都得面對的微妙問題，沒有正解。他可以使用有彈性的塑膠板，但要把塑膠板調得剛剛好，和鯊魚皮的彈性一樣，就很困難了。他需要兩張鯊魚皮樣本，一個有鱗片、一個沒鱗片，但要上哪兒去找沒有鱗片的鯊魚呢？

喬治建議約翰內斯把尖吻鯖鯊的鱗片刮掉。約翰內斯拿了等級最細的砂紙，將鯊魚皮放在顯微鏡下的一小盤水中，開始刮魚鱗。輕輕刮了幾下之後，他成功刮掉了鱗片的尖端，只剩鱗片基部還殘留一點刮不掉的部分。鱗片本來看起來像是一排一排蕈菇，但被砂紙刮過後，蕈菇被消滅了，使得鯊魚皮看起來就像個戰場。最後是靠超音波清洗槽來洗掉任何殘餘的砂紙和鱗片。現在，約翰內斯已經準備好，可以進行適當的對照試驗。

約翰內斯將兩片刮乾淨的鯊魚皮像旗子般貼在一起，就跟他之前把兩片沒有刮除鱗片的魚皮貼在一起一樣。在比較刮除鱗片的魚皮和未刮鱗片的魚皮之後，他發現鯊魚鱗片可以讓鯊魚的泳速增加 12%，但只有在旗子能夠如波浪般擺動時，鱗片才會發揮作用。約翰內斯也把這兩種鯊魚皮黏在無法動彈的硬板子上做測試，結果發現相反的趨勢：黏有刮除鱗片的鯊魚皮的板子成效較佳，因為此時，鯊魚鱗對鯊魚而言就像船身的藤壺一樣，會變成會增加阻力的粗糙表面。這個結果相當不可思議，除非鯊魚擺動身軀，否則鱗片對鯊魚似乎沒有用處。動物運動的重要圖像由此漸漸浮現：速度與燃料經濟性的祕密是來自身體動作與材料特性之間的交互作用。這類的交互作用令人驚訝，它利用了流體力學的非線性特質。

約翰內斯把人造材料黏在硬板子上作測試，並跟鯊魚皮的表現做比較，結果表現得都比鯊魚皮還差。肋狀溝槽雖然可以讓泳速增加 7%，但也只是鯊魚皮成效的一半而已。速比濤泳裝的材質無法增加泳速，那麼，速比濤公司聲稱穿他們的泳裝泳速可以增加 6% 的根據是從哪裡來的？原來，泳速的增加似乎不像人們之前所認為的，跟泳裝表面的質地有關，而比較有可能是因為泳裝把游泳者的肌肉壓成更流線的形狀。總而言之，真鯊魚皮的減阻表現似乎至少是人造鯊魚皮的 2 倍。

　　現在，約翰內斯有明確的數據證實，鯊魚的鱗片可改善其運動效能。泳速增加 12% 就表示，在游了 16 公里後，鯊魚可以不用費力再額外游 1 公里。一般而言，鯊魚一天可以游上 160 公里，因為牠們必須不斷游泳，來提供魚鰓足夠的空氣。少了鱗片，鯊魚得多吃 12% 的食物才能維繫生命。

　　12% 的泳速增加是從哪裡來的？為了回答這個問題，約翰內斯著手進行拍動水翼時的流場可視化實驗。這是他在喬治的實驗室裡的工作中最享受的部分，因為這讓他想起在德國的舞廳。他把燈關掉，用雷射光頁照亮水翼周遭的水流，流體的運動能被一種稱作追蹤粒子的微小中性懸浮粒子給追蹤，形成如星夜般的流動圖紋。

　　當鯊魚皮來回擺動時，會在靠近前端的地方產生出渦旋。鯊魚皮會把渦旋拉近身體，彷彿它比平滑的皮膚還黏似的；用砂紙刮過的鯊魚皮也會產生渦旋，但是離得比較遠。渦旋的中心點壓力較低，這個低壓區因為非常靠近未刮鱗的鯊魚皮，所

以會像吸塵器般把鯊魚皮往前吸，鯊魚皮每擺動一次，就會創造一個渦旋，將鯊魚皮往前帶。喬治和約翰內斯得到一個結論，那就是鱗片可以使鯊魚皮與水翼前緣渦旋間貼得更牢，增加作用在水翼上的推進力。為了更進一步測試鱗片效能，喬治決定應用 3D 列印這個新技術。

　　曾有人說，3D 列印可以帶動下一波的工業革命。在動物運動的領域裡，這項技術也變得愈來愈重要，是研究高度精細複雜的生物結構的好工具。3D 列印的設備類似一般噴墨印表機，使用馬達噴嘴將墨滴噴到紙上，但 3D 印表機能在紙上噴出好幾層墨水，形成有高度的輸出成品，墨水乾燥之後，整個結構就像由小組件疊造而成的建物。3D 印表機幾乎可以自我複製，有辦法印出所有的塑膠零件，但是尚未能夠印出電子組件的部分。3D 印表機也能印出簡易車床；車床本身也是有辦法自我複製的少數機器之一。正如噴墨印表機可噴出不同色彩的墨水，3D 印表機也能噴出不同密度的材料，如塑膠、金屬甚至是液體。研究人員曾印出裝有液體、功能完全正常的活塞，把塑膠和液體的部分一起印出來，這樣就不需要用手組裝活塞了。3D 印表機也能印出飛機和汽車的金屬零件，高度專業又昂貴的 3D 印表機甚至可以印出一整個碳纖維的汽車框架。活的幹細胞也能夠像墨水一樣被噴射出來，以製造皮膚等人工組織以及心臟，微流道 (microfluidic channel)[2] 可以使流體流動而在幹細胞之間傳遞化學信號，來調控分化。

2　微流道：微米尺度的流道，可精準地控制流體的方向和體積，在生醫檢測上有許多的應用。

一般的家用 3D 印表機無法輸出能夠承受巨大力量的材料，因此，家用 3D 印表機目前可以印出很好的手機殼，但卻無法印出很好的椅子。然而，3D 印表機印出任意形狀表面的能力是很強大的，特別是對生物學而言。生物發育的潛力就在於可以發展出高度複雜的結構，花粉、脊椎骨和鹿角都是必須花上好幾天才能用手雕刻出來的構造，但是 3D 印表機卻可以在數分鐘內印出這些東西，而且是同時印好幾百份。

　　為了展現鯊魚皮的能力，喬治決定使用 3D 列印技術來複製鯊魚皮，並進行測試。喬治和他的博士後研究員文力 (Li Wen) 一起合作。從波士頓魚市買來的公尖吻鯖鯊還放在冷凍庫裡，他們用解剖刀割下一塊邊長 10 公分的正方形鯊魚皮，接著用噴射水柱清理，然後，他們又從這塊魚皮割出一個更小的正方形，邊長 2 毫米。他們將這塊鯊魚皮寄到康乃爾大學，因為那裡有最先進的微米級電腦斷層掃描設備，能以 2 微米的解析度進行掃描，相當於人類頭髮的 1/50 寬，一片鯊魚鱗的大小約莫是此解析度的 100 倍，所以他們可以獲得足夠的數據，並在必要時插入數據點。鯊魚鱗片呈 L 形，頂部有脊梁（圖 4.3），透過狹長的頸部連接到擴大的基部，因此不需要黏膠就能牢牢卡進柔軟的皮膚裡。他們用軟體創造出鯊魚鱗的網格，亦即由許多點所組成的鱗片輪廓，接著，他們將鯊魚鱗片製作成數位化版本，以便用 3D 列印技術印製出來。喬治和文力使用軟體，在一張平板上線性排列著鱗片，彷彿在果園裡種樹一般。

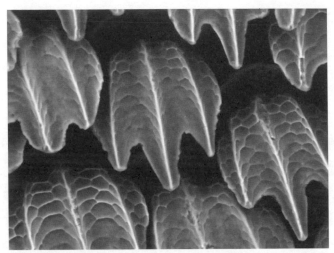

圖 4.3　窄頭雙髻鯊 (*Sphyrna tiburo*) 身體中段的鱗片（或稱作「盾鱗」）在掃描式電子顯微鏡下的樣貌，可以看見鱗片表面有三道脊梁和三根往後指的叉枝。這種構造在身體、鰭和尾部都很常見，但頭部的鱗片則有不同的形狀。（圖片由喬治‧勞德提供。）

　　3D 列印能夠做出像鯊魚鱗片一樣複雜的形狀，顯示了這項技術可為生物學帶來極大的貢獻。3D 印表機使用的是「積層製造」(additive manufacturing) 的技術，可以一層一層印出鯊魚鱗片。3D 印表機有兩個噴嘴，可以射出鱗片所需的硬質塑膠，也可以射出鯊魚皮膚本身所需的柔軟橡膠材質。首先印出來的是皮膚，接著，鯊魚鱗的基部漸漸浮現，在一片皮膚海中看起來就像一座座小島。接著，印表機會噴射出製造鱗片頸部的材料。然而，印到 L 形向外延伸的部分時，喬治和文力便遭遇到了 3D 列印的一大挑戰。

　　真正的鯊魚鱗片生長的方式和人類的牙齒一樣，是先在體內生長，接著才穿透皮膚，長到體外，此時已是完全成形。磨損過的舊鱗片會脫落，騰出空間來。新的鱗片會在鯊魚的身體裡面長出來，泡在化學物質中，讓鱗片可以在各個方向上長好。相較之下，列印是一層一層地印，每一層的重量都得靠下方的東西來支持，因此，3D印表機很難印出拱形或其他懸空的結構。喬治和文力在每一片鯊魚鱗懸空部位的下方印了小小的垂直支柱，在鯊魚皮的數百片魚鱗都印好了之後，他們用強力水柱沖斷這些支柱。把支柱沖走是整個 3D 列印設計中的一個重要環節，因為手工移除支柱十分耗時，而且喬治和文力總共印了數百根支柱，所以必須把支柱設計得愈小愈好，但同時又要能支撐懸空的部位。

　　他們印了許多原型，但在可以接受的解析度下，人造鯊魚鱗（圖 4.4）為 1.5 毫米長，比真正的鱗片大了約莫 10 倍。他們將一片片的鯊魚鱗黏在木工或建築工會使用的那種具有特定厚度的塑膠填隙片上。

　　喬治把這些鯊魚鱗小旗子放進水洞，讓旗子被拍動器驅動而來回擺動。他發現，這些旗子使拍動器增加的速度比沒有鱗片的水翼多了 6%，而且在真正的鯊魚鱗前端產生的渦旋也有出現。人造鯊魚鱗會產生渦旋這一點令人放心不少，表示他成功正確複製了鯊魚皮。

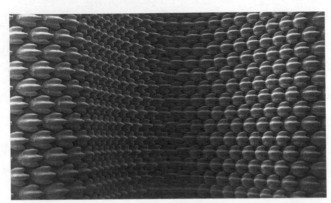

圖 4.4　人造鯊魚皮膜的掃描式電子顯微鏡影像。研究人員使用 3D 列印技術，將堅硬的盾鱗印在具有彈性的底膜上。請注意看，在起伏的底膜上，凸面與凹面處的盾鱗排列緊密度並不一樣，在往下凹的地方，盾鱗會互相重疊。鱗片的長度為 1.5 毫米。（圖片由喬治‧勞德提供。）

　　喬治和文力的研究讓我們對鯊魚鱗片有助改善泳速和減少耗能的功用有了初步的認識。如同布料有各種不同的織法，鯊魚鱗片也有各種不同的排列樣式，喬治和文力只測試了一種大小和排列方式的鱗片。但實際上，鯊魚鱗片的大小從 0.2 毫米到 1 毫米都有，端視鯊魚的種類和鱗片所在的部位而定。排列方式可能是鑽石型、蜂窩型或其他類型。若 3D 列印的成本變得更低廉，科學家就有辦法回答不同大小、形狀與排列方式的鱗片各具何種功能了。

　　喬治的研究只聚焦在鯊魚鱗片的流線體效能，但鯊魚鱗可能還有其他功能。其中一個功能就是防止生物積垢，也就是我們先前曾說過的因藻類、藤壺等生物的累積，進而覆蓋整個船

底或其他水下設備的現象。佛羅里達大學的化學家安東尼·布倫南 (Anthony Brennan) 發現，鯊魚身上不會長藻類和藤壺，並猜測這跟鯊魚的粗糙體表有關，許多抗積垢的表面都是運用類似的原理。當細胞要牢牢黏住某個表面，一定要與之緊密接觸，就如同我們會按壓膠帶使其黏牢一樣。安東尼在一個他用來澆鑄矽氧樹脂紋理的矽模上製造小凸點，再讓矽模接觸綠藻，結果發現積垢的狀況少了 53%。安東尼製造的這種人造表面不只可能應用在船身上，也能用在醫院，因為門把和其他常見的設備容易傳播病菌，是院內感染的原因之一。

　　我們已經看到了動物會因為表面的微小結構而獲得好處。牠們能做到這點，主要是靠改變周遭流體的流動方式。以鯊魚為例，牠們是結合身體的動作和體表的材質，進而減少阻力。在下一章，我們將了解動物是如何利用特定動作來達成幾乎恆久的運動，也就是在不耗能的情況下運動。我們會學到，人類如何只靠兩茶匙的糖行進 1 公里的距離，而死魚又是如何在流水中保持不移動。這些都是透過能量的捕獲與儲存來達成的，而相關概念才剛開始被應用在外骨骼的設計。

第五章

死魚游泳

　　北卡羅來納州立大學的機械工程學家葛雷格·薩維奇基
(Greg Sawicki) 在跑步機上走了 7 分鐘之後，取下腳踝上的輕量
外骨骼。葛雷格和他的學生查看他用這個支架走路後的耗氧量，
想看看這個裝置的成效如何。這個外骨骼是一個碳纖維做的腳
踝支架，跟靴子一樣，到小腿的高度，鐵絲和彈簧組成的結構
如傷口縫線般沿著小腿後側上行。當腳踝彎曲時，被拉扯的不
是阿基里斯腱，而是這個彈簧。整個裝置看起來就像腳踝矯正
支架和汽車懸吊系統的綜合體，葛雷格之所以製作這個外骨骼，
是為了解決一個許多人認為不可能解決的古老問題：改進人類
走路的效能。

　　十二年前，葛雷格有了這個建造外骨骼來節省能量的構想，
從那時起，他就斷斷續續在實踐這項計畫，期間歷經了博士班
以及博士後研究員時期。在反覆試驗多次之後，他已經將支架

的重量減少到半公斤，跟一條麵包一樣重，這也意味著支架非常脆弱，每次葛雷格使用它時都瀕臨用壞邊緣。他把支架輕輕放在桌上。脫掉外骨骼總讓人有種奇妙的感覺，就好像剛從泳池出來，身體只有那個部位重得很不自然，總要跛個幾步，才會想起該怎麼支撐自己的重量。這證明了我們的身體能很快地適應新環境，我們甚至還沒注意到就已經適應了。

葛雷格是在長島長大的。他的雙親都是護士，每天要值 12 小時的班，完全不能坐下，所以回到家時總是累壞了，要把腳泡在溫熱的鹽水中。普通做辦公室工作的美國人一天可以走 3 公里以上的路，而在迷宮般的醫院裡，他的父母一天很容易就會走超過 6 公里的路。不只有他們如此，事實上，有很多工作都需要久站，在醫院、機場和工廠工作的員工都有著步調快的職業，並需要靠雙腳來移動，這些還只是在室內的工作，在戶外，雙腿就更重要了。標準的陸戰隊士兵每天以每小時 6.5 公里的速度前進 8 小時，所以一天總共移動了 52 公里。雖然發明了坦克車和悍馬車，但這些車輛依舊無法取代步行，大部分的車輛都無法在陡峭多岩的山脈或植被茂密的森林中行進，在這些地帶，雙腿大勝車輪。一般人在走路時，每公斤的身體質量所消耗的功率為 2～3 瓦，跟手機相當。葛雷格如果能成功減少能量損耗，就能幫助士兵及許多其他每天得走路的人，因病無法行走或是受傷復原中的人便可以走得更遠而不會感到疲累。這類科技雖然很可能會被禁止在職業賽事中使用，但進行業餘運動的人可以用它來改善自己的表現，完成健身目標。由於走路

是日常生活中無所不在的動作，若能有這樣的裝置來減少耗能，將可幫助許多人。此外，葛雷格一向都很喜歡科幻小說裡的那些外骨骼裝置，可以穿戴在身上，來提升使用者的身體強度或減少能量消耗。這個夢想多年前他在密西根大學念研究所時終於實現，他開始研究復健機器人學這個結合了電子、機器以及穿戴式裝置的領域。他的論文題目是設計一個氣動式外骨骼來改善人類運動，特別是減少走路時的能量耗損，這是個非常有野心的論文研究。

想要改善人類走路的效能，最主要的問題就在於：走路所耗損的能量本來就夠少了。走路的動作好比「擺」，而擺是最早被人發現的簡易機械之一，至今仍以其低耗能的特性為人所知。典型的擺支點 (fulcrum) 在上方，例如老爺鐘的鐘擺那樣；倒擺（圖 5.1）的支點則在下方，例如需要靠發條的那種舊型節拍器。因此，走路又被稱作「倒擺步態」(inverted pendulum gait)。若擺的支點上夠油，可以在失去所有能量前擺動好幾下。擺動的產生源自動能和重力位能這兩種形式間的能量轉換，雙腿的擺動也憑著同樣的原理。

當我往前走時，身體會儲存它移動中所帶有的動能。當我把體重放在前腳時，它便成為新的重量支撐腳，而我的身體也會暫時減速。動能會將我的「質心」(center of mass) 抬高 4 公分左右。在圖 5.1 中，圓形標誌表示我的質心，它的位置會出現這麼大的改變，是因為受到我沉重的雙腿的位置所影響。質心的抬升會儲存重力位能，就像電池一樣，可以短暫儲存能量，

而能量儲存的多寡則跟我的體重以及質心增加的高度有關。當支撐重量的腳推進離地時，我的質心又會往下降 4 公分，而當身體再度加速時，重力位能便順暢地轉換成為動能。如果追蹤出我走路時質心的移動路徑，就會發現它像雲霄飛車一樣不斷上上下下，振幅是 7.6 公分，波長則等同於我步伐的長度。就跟雲霄飛車的軌道一樣，能量會在每個波峰處被儲存，接著在「車子」——也就是我的質心——加速往下衝刺時被消耗。能量持續轉換，正是走路不會耗費很多能量的原因。

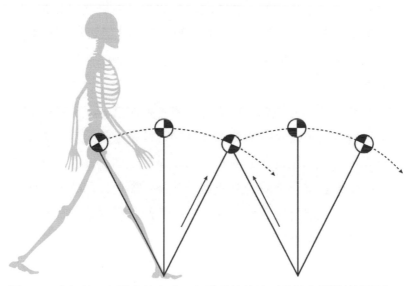

圖 5.1　人類使用倒擺步態走路。在體重被轉移到重量支撐腳的過程中，那條腿便表現得如擺一般。當腿與地面垂直時，質心便自然抬升。（本圖改編自馬提斯 (Matthis) 與法嚴 (Fajen) 在 2013 年所發表的原圖。）

身體雖然擅於回收能量，但仍舊不是完美的。當身體與地面碰撞時，能量會消耗，因此肌肉必須在特定的關鍵時刻注入能量，葛雷格的任務就是要找出肌肉把能量注入到腿的哪些部位。一旦知道耗能發生的時機與部位，他就可以使用外骨骼來取代那些動作，減少人類走路時所消耗的能量。當葛雷格和其他運動科學家測量能量時，所使用的單位稱作「焦耳」，用白話來解釋，1 焦耳就等於將一顆蘋果從地上撿起並舉到腰部高度所需耗費的能量。每產生 1 焦耳的機械功，人類的肌肉就需要含有 4 焦耳能量的食物，換言之，人類的肌肉雖然用途廣泛，但是效率只有 18%～26%，為了方便說明，就用 25% 這個數字好了。因為我們的肌肉效率很低，當我們花費能量走路時，就必須吃含有 4 倍能量的食物。

身體將食物轉換成可用之功的效率雖然低，但也有好的一面：任何能夠幫助身體少做 1 焦耳功的裝置，就能為身體省下含 4 焦耳能量的糧食。這項節能的效果是一個很強大的誘因，促使科學家設計出能降低身體做功的外骨骼。葛雷格的博士論文主題就是要設計出這樣的外骨骼。他能否以機器取代腿部肌肉，進而節省人體所消耗的能量呢？

一個走路週期是從腳跟著地開始，接著，腳的其他部位才跟著觸地。當整隻腳都平放在地面上後，緊接著腿開始往前傾，隨著小腿往腳趾方向移動，腳踝便會彎曲。當腳踝伸展時，推離動作發生，此時肌肉收縮，以幫助腳推離地面而騰空，接著腿擺過空中。在這個過程中，小腿後肌（參與走路的肌群中最

大的一些肌肉）會收縮，這些肌肉雖然不見得有很大的收縮量，但卻會產生很大的力，因此會消耗能量並發熱。在走路週期中，被啟動的肌肉愈大，就會產生愈多的力和熱，也會使用愈多的能量。葛雷格懷疑，小腿後肌是走路時主要使用能量的地方，因此設計了外骨骼來取代小腿後肌的功能。

　　葛雷格在小腿後肌的後面繫了一顆氣動氣球，代替肌肉收縮的動作，氣球充氣時會產生力，就像肌肉收縮時會股起一樣。當氣球充氣膨脹時，踝關節會打開，並發生推離動作。然而，小腿後肌很強壯，若要氣球產生一樣強大的力量，就必須把它連接到一個很大的潛水氣瓶、多個可控制閥以及許多電子儀器上，總重量比人還重。顯然，這個設備太重了，不可能當作能自主操控的外骨骼來使用。葛雷格決定賭上一把，拿這個裝置來研究人類的運動，他希望當把這個裝置繫在腿上時，氣動機制可以取代小腿後肌做的功。實驗對象繫上這個裝置，接著在跑步機上走路數分鐘，並戴著面罩來測量耗氧量，以算出數個走路週期的平均耗能。在走路週期中，每產出 1 焦耳的機械能，這個裝置就能為使用者省下 1.6 焦耳的糧食輸入能量。

　　下一步就要讓科技上場了。在 2000 年代初期的日本，科學家已經開始用超音波來觀察皮膚下的肌肉如何移動。超音波是一種低能量的波，可以穿透肌肉組織進行內部觀察──比方說，觀看子宮內的小嬰兒。控制超音波的電腦不斷改良，設備也愈來愈小，最新型的超音波探測器只有一包口香糖般的大小。葛雷格用自黏繃帶把探測器綁在自己的小腿上，當走路時，探測

器便會測量出小腿後肌的伸展程度；此外，耗氧量則能用來測出數個走路週期的平均使用能量。有了這個工具，葛雷格就能更確切地判定機械能是在走路週期中的什麼時機，以及在身體的什麼位置發生增或減。

葛雷格對走路週期中，小腿後肌的動作和耗氧量之間的關聯十分好奇。他注意到，在走路週期中的多數時間裡，小腿後肌看來沒什麼在動，唯一看得見的現象，就是阿基里斯腱緩慢地延展，接著在腳推離地面、把身體往前帶動時迅速回彈。阿基里斯腱提供我們走路所用的彈簧，腿部以腳為支撐所進行轉動的擺動動作，會使這個生物彈簧延展而儲存彈性位能，接著在我們移除支撐腳的受力、準備踏出下一步時，像彈弓一樣強而有力地快速回彈。葛雷格猜想，推離動作中的阿基里斯腱回彈，可能是氣動肌肉外骨骼成效不如預期的原因。肌腱不會用掉食物供給的能量，只有肌肉會，可是他認為，肌肉為了抓牢延展的肌腱，一定也會耗費一些能量。葛雷格埋頭鑽研文獻，讀遍過去十年間所發表的研究論文，想要了解肌肉有什麼較少人知道的功能。

在運動時，肌肉有很多任務要完成，最顯而易見的功能是必須收縮變短來做功。當我們撿起一袋雜貨商品時，臀部和大腿的肌肉會收縮，好讓我們起身，以這個例子來說，肌肉顯然是靠縮短自己的長度和施力將身體往上抬來做功。然而，即使看不出有什麼明顯的動作，肌肉還是可能在活躍中。例如，當我們從跳躍中落地時，肌肉會像煞車器一樣吸收能量，有部分的能量會耗散在柔軟的器官和脂肪中，但有不少是透過肌肉的

收縮與產熱來耗散的。所有的肌肉收縮都會產熱，只是有些肌肉收縮產生的熱比較多，當肌肉縮短時所產生的熱最多，其次是等長收縮——亦即肌肉在維持同樣的長度下收縮。

在不同的情況下，肌肉也有可能改變功能。布朗大學的生物學者湯姆·羅伯茲 (Tom Roberts) 在 1997 年時將應變計植入火雞的腿部肌肉中，以便測量火雞在跑步時所承受的力。他發現，火雞跑上坡時，肌肉確實會如預期般收縮，給火雞額外的推進力。然而，在平地上奔跑時，肌肉會扮演不同的角色，變得像「離合器」一樣抵抗延展，轉而讓其他構造去進行延展。由於腿部肌肉與肌腱相連，因此抵抗延展是必要的，若肌腱要能有效地儲存、回復能量，就必須和一個可以正確做出反應的離合器相連，在肌腱延展及回彈時鎖緊。汽車也運用了類似的原理：汽車沒有肌腱和肌肉，但是有傳動裝置可以連接或鬆開主動軸與從動軸。

葛雷格發現，人類小腿後肌的行為就跟湯姆·羅伯茲研究的火雞腿部肌肉所做的行為一樣。在人的腿部，阿基里斯腱跟小腿後肌相連，當阿基里斯腱延展與回彈時，小腿後肌會做出離合器的行為，但這麼做會消耗能量。比方說，當我把手向外伸展，如果想維持這個姿勢，就必須不斷提供能量給手臂，以補充小肌肉因快速緊縮和放鬆所耗費的能量，若伸得夠久，手臂就會因而開始抖動。像桌子這樣的機械系統並不須耗費能量來維持固定的姿勢，因為它的化學鍵可以防止它移動，此時化學鍵會被稍稍延展，接著就繼續維持這個延展姿勢。桌子並不會因為緊繃的姿勢而愈變愈熱，但我們的肌肉會。

　　研究所生涯接近尾聲時，葛雷格開始專注於設計一個新的外骨骼，希望能用彈簧來取代阿基里斯腱。他跟另外一名密西根大學的研究生史提夫・柯林斯 (Steve Collins) 開始玩起飛機的鋁製纜線和大門的彈簧，希望能用纜線離合器來做出人造肌腱。裝置的其他部分是由金屬廢料組成，因此整個裝置太大了，無法帶著走路，但這個構想夠實際，可以教導他們如何改進。

　　葛雷格畢業後，仍持續和史提夫討論如何改進外骨骼的設計。葛雷格在 2009 年任職於北卡羅來納州立大學後，他的研究生布魯斯・維京 (Bruce Wiggin) 以史提夫寄來的構想圖為基礎，重啟了這項計畫。他們使用各種不同剛性的彈簧，並在腿揮動的階段，讓彈簧鬆開，然後在腳觸地時將之拉緊。他們發現，彈簧如果太緊，會把關節鎖住；如果太鬆，就無法儲存能量，兩者之間有個理想的「甜蜜點」。

　　現在，彈簧決定好了，就要來看看這個裝置可以節省多少能量，他們還需要加一樣東西，才能把裝置穿在腿上。裝置必須在阿基里斯腱延展時啟動，而其他時候則不能有動作，好讓腿順利擺動。他們建了一個類似汽車用來換檔的離合器裝置，這個離合器裝在一個跟手掌差不多大的長方形盒子裡，重量非常重，無法穿在腿上。史提夫很擅長把機械裝置縮小，因此幫忙把這個離合器變成一個只有 6 公克重的裝置，如圖 5.2 B 所示，它比一把摺疊式小刀還輕。葛雷格和學生建了一對離合器，並招募志願者來穿穿看，在穿著這個裝置走路 7 分鐘後（圖 5.2 A–B），測試者的耗氧量減少了 7%，也就是減少 7% 的耗能，

這是顯著的節能成效。不僅如此,有別於葛雷格之前的氣動裝置,這個裝置很輕、適穿,而且不需要電池或插電。

近年的穿戴式裝置之所以失敗,是因為攜帶裝置所耗費的能量成本總是超出穿戴者所節省下來的能量。能淨省下 7% 的

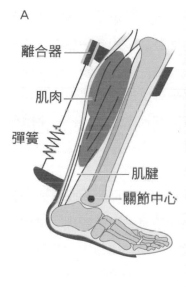

圖 5.2 可降低人類走路時能量消耗的穿戴式外骨骼。A 外骨骼、小腿後肌及阿基里斯腱的相對位置示意圖。B 穿著外骨骼走路的受試者。外骨骼並未使用任何電子儀器,而是使用棘輪和棘爪,好在腳觸地時抓緊彈簧,腳離地時鬆開彈簧。(圖片由史提夫・柯林斯提供。)

能量，就表示穿戴此外骨骼的陸戰隊員毋須耗費額外的能量，就可以將一天移動的距離從 51 公里，增加到將近 56 公里；受傷復原中的人每天可以多走一點路，幫助他們更快達到復原目標。葛雷格相信，這個可以按照個人腳踝來進行客製化的裝置在未來十年內就能上市。

　　改善人類的運動方式也可能帶來負面效果。長期穿戴外骨骼可能會導致小腿後肌因減少使用而萎縮，因此，葛雷格建議只能偶爾穿戴這個裝置，絕對不要一直穿著。此外，小腿後肌因穿著外骨骼而減少活動量，也意味著肌肉在整個走路週期中都處於放鬆狀態，這會導致小腿後肌在被當作離合器正常啟動使用時，延展程度比平時更大，長久下來，額外的延展便可能致使肌纖維出現微損害。如果有辦法解決這些挑戰，葛雷格的方法將可用來取代或增強身體的其他部位。他的夢想是要設計出一種可以包覆整條腿的外骨骼，而不是只取代腳踝，這個外骨骼會是由一系列的離合器所組成，在運動過程中一個接著一個鎖緊，讓腿的所有部位都能節省能量。理論上，有一天可能會出現一種裝置，讓人走路時毋須使用任何食物能量，只有在起步時會耗能。

　　不使用任何能量就能走路的概念早已存在。在下一則故事中，我們要來了解這個概念的源起，並看看這個概念如何啟發科學家，讓他們建造出可以持續不間斷走下坡的機器人。

康乃爾大學的機械工程學家安迪・魯伊納在實驗室裡放了一個看起來很普通的木板斜坡，長得就像一個蹺蹺板，長 5 公尺，兩端的高度差約為 30 公分。這個斜坡其實是個動力源，只要有些許的重力分量，就能讓一個和幼兒一樣大的足式機器人在不靠任何外力協助的情況下走下斜坡。這就跟走平衡木一樣，看起來好像很簡單，但是大部分的機器人都會失敗，不是從斜坡旁掉下去，就是跌得東倒西歪，發出噹啷噹啷聲。斜坡旁擺了一個垃圾桶，失敗的機器人設計變成廢料後全丟在那兒。在這個斜坡上測試了十年後，康乃爾漫遊者 (Cornell Ranger) 終於誕生；它是有史以來最節省能量的步行機器人，只靠美金 5 分錢（約新臺幣 1.5 元）的電力，就能沿著跑道走上 65 公里。在這一章裡，我們要討論科學家如何嘗試達到永恆運動的目標：能夠用極少的能量在陸上和水中移動的機器和動物。

　　2001 年的夏天，伊薩卡很炎熱，主修機械工程的大學生史提夫・柯林斯剛復學，從快餐店的炸魚廚師職位回到校園。他整個夏天都待在安迪的實驗室，在斜坡上下來回走了不下數百次，在他身旁一起走斜坡的，是實驗室最新的步行機器人；這個機器人沒有頭和上半身，只有一雙腿和兩條晃來晃去的手臂，但走起路來卻跟人類很像。機器人表現好的時候，史提夫只需要推它一下，它就可以自行走完斜坡的 20 步路。當它膝蓋鎖緊時，會發出很大的匡啷聲，木腿撞到地面時，則會發出砰砰聲。

機器人和地面之間的交互作用太複雜了，以至於無法用電腦來預測，因此，史提夫花了一整個夏天不斷進行微調，想辦法讓機器人好好走路。有些人說這個機器人的設計很粗糙——它是欠致動系統 (under-actuated system) 最早的例子，在設計上要盡可能使用最少的致動器與馬達。史提夫和安迪是受到直覺所驅使，才設計出這款機器人，直覺告訴他們，在建造節能的步行機器人方面，機器人學界裡的許多人都走錯了方向。

就在前一年，本田汽車經過十五年的研發後，發表了當時世上最複雜精密的步行機器人 ASIMO。現在，已經有超過 40 個 ASIMO 的分身，在世界各地與政治領袖握手、在舞臺上跳舞或是踢足球。每個 ASIMO 的身價都超過 100 萬美元，它們是很棒的大使機器人，甚至可說是名人機器人。然而，在史提夫做研究時，ASIMO 有個問題：它的電池壽命最長只有 40 分鐘。這是因為 ASIMO 走路時會消耗 2,000 瓦的功率，比人類所消耗的多出 20 倍。ASIMO 這麼先進，為什麼會比人類還不節能呢？

ASIMO 和大部分的步行機器人有個共通點：設計它們的人都對走路有著「運動學執著」。走路者的「運動學」(kinematics) 由關節角度的時間變化過程所組成，也就是踝關節、膝關節和髖關節如何隨著時間而改變。許多人相信，雙足機器人的運動學特徵必須與人類相符，才能正確地走路。為了讓每個關節動作有正確的角度，設計者通常得在機器人的每個關節放置馬達，並設定好每個馬達的動作時間，使腳踝、膝蓋及髖部能以正確的順序進行彎曲。唯有如此，才算能正確複製走路的動作，至

少，整個概念大致上就是這樣，但至今這個夢想尚未實現。在史提夫開始進行研究時，ASIMO 共有 57 個馬達，還有一個負責控制這些馬達的精密運算系統。然而，當把這些馬達轉動的時間都設定好之後，ASIMO 卻呈現很不自然的步態 (gait)，與人類的步態非常不像，它會弓著膝蓋走路，看起來就像一個偷偷摸摸不想被抓到的小偷。

史提夫的指導教授安迪非常不認同人們對走路運動學的過份執著。他認為，機器人應該要表現的是「被動步行」(passive dynamic walking)，目標是要利用人體與生俱來的走路能力。關鍵在於，我們走路時，大部分的肌肉其實是呈現放鬆狀態，安迪把這個概念發揮到極致，設計出傀儡機器人，它有腿部的所有關節和體段，但卻沒有任何馬達。很多人不相信這種極簡作法會成功，但它確實運用了一個 ASIMO 所沒用上的走路法則，這個法則在兩百年前被牛頓 (Isaac Newton) 發現，寫進他的運動定律中。

牛頓表示，運動中的物體會持續運動。明確來說，水平運動可以恆久持續，無須能量輸入。試想一個在路上滾動的輪胎，如果這條路非常平坦筆直，而輪胎也非常堅硬，它就可以一直滾下去。保齡球道就是運用這個原理，來讓保齡球可以滾過 15 公尺長的球道，硬木地板和保齡球都是很堅硬的物體，所以可以減少能量損耗，不使球速降低。的確，要在水平表面的兩個點之間移動，輪子是最完美的機械設計，騎自行車所使用的能量比走路少 4 倍。話雖如此，我們的雙腿仍具備一些特性，讓自己盡可能表現得像輪子一樣。

　　乍看之下輪子和腿不怎麼像。但想像一個車輪有很多輪輻，而人的腿則是其中一個輪輻，當我們把腿放在地面時，體重會壓在地上，就像車輪的輪輻那樣；往前踏一步時，體重會從腳跟轉移到腳趾，使我們的腳就像輪子一樣在地面上滾動。若要節省能量，我們的質心應該保持水平移動，而不要上下擺動，如果做得到這點，就可以盡量節省能量，達到零能量損耗，這就是為什麼輪子能夠在平坦堅硬的表面上滾動這麼久的原因：輪子的質心（亦即輪子的中心點）只是直直向前移動。

　　牛頓向我們證實，輪子滾過平坦的表面是可能完全不耗能的。然而，用雙腿來移動是另一回事，因為在跨步過程中，就有許多消耗能量的時刻。當我們把體重從一隻腳轉移到另一隻時，我們的質心會稍稍下降幾公分，當質心下降時，重力位能會盡可能地被回收，對人類來說，能量會被儲存在如阿基里斯腱以及軟組織如足底脂肪墊等富有彈性的構造中，這些構造就像彈簧一樣，可以儲存能量，並在下次跨步時把能量還給我們，換言之，它們是腳步裡的彈簧。

　　我們跟輪子所具備的完美運動有多相近？請看以下的數據：我們每天大約會走 7,500 步，普通人一生中會走 58,000 公里左右，幾乎等同繞赤道 1.5 圈。每一公里大約是 3,280 步，但是只需要兩茶匙的糖所供給的能量就足夠。人類走路在能量使用上的確相當經濟，但這和人類本身無關，事實上，就連簡易的木製走路玩具也能毫不費力地走下坡路。

如果被動步行要有個代表的吉祥物，那一定是拇指大小的木企鵝「威爾森」(Wilson Walkie)。這個木企鵝是在 1938 年經濟大蕭條期間由約翰・威爾森 (John Wilson) 所發明的，地點位於賓夕法尼亞州的一座小城鎮華森頓。當時，玩具市場主要是以靠電池運作的塑膠玩具為大宗，木製玩具已經要淘汰出局了，但威爾森企鵝很吸引人，因為它看起來非常簡單，卻能做到很了不起的事。圓錐形的身體立在兩隻有關節的木腳上，木腳就跟皮諾丘的一樣鬆垮垮的，玩法是把它放在一個類似安迪實驗室裡的緩坡頂端，接著用手指輕戳它的背，如果戳得恰恰好，它就會像真人一樣走下坡道。威爾森企鵝經過精心設計，可以減少摩擦力，並讓能量從一步轉移到另一步。這個走路玩具風行了十年，後來才被其他玩具取代。

　　在將近四十年後的 1980 年代，威爾森企鵝啟發了一些機械工程學家，像是加拿大西門菲莎大學的航太工程學家塔德・麥基爾 (Tad McGeer)。麥基爾由木企鵝得到靈感，複製了與它同樣的設計，並擴充成較大型的金屬版本。這個大型的走路玩具有四隻腳，排成一排，走路時則是成對移動，先移動裡面的兩隻腳，接著再移動外面的那兩隻。經過修正之後，他發現較大型的走路玩具也可以在不受外力干預的情況下，成功走起路來。麥基爾做出的重大貢獻之一，就是調整膝蓋使機器人的膝蓋打直時不會卡住。然而，這個機器人走起路來還是不像人類，因

為它靠四隻腳來走路。在安迪的實驗室裡，史提夫・柯林斯與一位荷蘭來的參訪學生馬汀・維斯 (Martijn Wisse) 一起想辦法，把腳的數量減少到兩隻。

把腳的數量從四隻減少到兩隻很不容易，因為機器人的穩定度會跟著降低。四足機器人在運動時，永遠會有兩隻腳在地上，只會往後或往前跌，因此走路可以被簡化成一個二維的問題。但雙足機器人在運動時，任何時候都只有一隻腳接觸地面，所以在踏步出去時，就可能出現像溜冰者那樣，產生以單腳為中心旋轉的問題，這會使機器人偏離筆直的路線，或甚至整個翻覆。

為克服一隻腳站立的不穩定性，史提夫把馬汀前一年夏天所建造的機器人拿來修改。最困難的部分就是機器人的腳掌，當腳掌碰觸地面時，它的材料特性和形狀會影響機器人接下來的走向。最糟糕的設計就是把腳掌做得像骰子的邊緣一樣又硬又有稜有角，我們在桌上擲骰子時，骰子通常會因為這種邊緣而彈來彈去，所以要預測骰子最後究竟會以哪一面落地相當困難。史提夫運用彈簧來替機器人做出柔軟的腳跟，如此一來，當腳跟著地時，接觸地面的時間就會變長，讓機器人可以控制住自己的動作。

接下來就是腳本身的形狀，史提夫希望盡可能地模仿輪子，來幫助重量從腳跟移轉到腳趾。經過幾次設計之後，他決定拿兩塊狀似義大利脆餅的膠合板所組成的軌狀結構來製作腳。膠合板軌外層是橡膠，以增加摩擦力，並緩和觸地時的衝擊力。因為兩條腿的長度是一樣的，若裡面的板軌比外面的高，機器人走路時自然就會像企鵝一樣左右晃動，好產生離地空間讓另

一隻腳往前擺動到位。此外，晃動也有助於維持穩定性，因為
當只有一隻腳在地面上時，質心必須落在腳的接觸範圍之內，
以免機器人跌倒。

　　腳完成後，史提夫繼續進行機器人剩下的部分。他用一條
線把機器人像傀儡般吊在天花板上，當他把一條腿往後拉，接
著鬆開之後，機器人會像陀螺一樣以另一隻腳為軸心旋轉，這
個旋轉現象是「角動量守恆」的展現，這不只會發生在機器人
身上，人類和所有用兩隻腳走路的動物也會如此。因為腿太重
了，當腿擺動時，身體自然會往反方向旋轉，以維持角動量守
恆。同樣地，在有輪子的椅子上旋轉時，如果張開雙臂，旋轉
的速度會愈來愈慢，也是因為角動量守恆的緣故。

　　我們走路時，通常會擺動身體另一側的手臂，以與腿的
擺動產生抗衡作用。把兩隻手綁在身體側邊走路當然是有可能
的，但會需要肌肉使力來抵抗骨盆和肩膀的轉動。結果就是，
若手臂可以正常擺動，所消耗的能量會比把手放在背後減少
3%，比放在身體前方減少9%。因此，也可以說我們是同時使
用手和腳來走路的。史提夫做了一個滑輪系統來拉動可產生抗
衡擺動的金屬手臂，當另一側的腳往前擺時，它便跟著往前、
往外擺動。這些手臂有助於減少身體轉動的情形，並有助於穩
定身體，避免左右傾斜。圖5.3為史提夫設計的機器人及其能
與擺動產生抗衡動作的手臂。

　　史提夫花了大半個夏天仔細觀察機器人，看它走下斜坡時
是怎麼出問題的。一旦出問題，他就針對問題進行微調，而下

圖 5.3　雙足被動步行機器人。抗衡擺動的手臂跟對側的腿接在一起,因此當左腳往前擺時,右手便會往前、往外擺動。機器人只靠重力驅使,便能穩定地走下斜坡。(圖片由史提夫・柯林斯提供。)

一次走下斜坡時,機器人又會用不一樣的方式跌倒,接著又需要再一次微調。這項工作很艱辛,但也令人上癮,因為在微調的過程中,史提夫發現機器人的表現愈來愈好,也離斜坡的盡頭愈來愈近。這樣的人工微調是讓機器人發揮成效的最快途徑。以往,那些設計四足機器人的科學家可以在電腦上進行優化,是因為那些機器人的走路可視為二維的問題。然而,三維機器

人卻可能往前後左右跌倒，或甚至打轉，當時的電腦仍無法處理這種狀況。除此之外，雖然科學家知道動作的方程式，但邊界條件卻是未知的。人們對於固體之間的交互作用——例如碰撞、滾動和摩擦——的認識仍不足以用於電腦程式運算。因此，要讓機器人成功，只能靠微調的老方法，就跟修理腳踏車一樣。

史提夫讓機器人走下斜坡的經驗愈來愈豐富，狀況好的時候，機器人有 80% 的時間能走得平穩。由於機器人並沒有控制系統，只有能讓自我穩定的被動式動力，因此對初始條件相當敏感。成功時，機器人能以每秒 0.5 公尺的速度走下坡道，不及人類走路速度的 1/3。然而，它只消耗了 1.3 瓦的功率；相較之下，一般人在休息時就會使用 100 瓦的功率。一個 130 公斤的被動步行機器人會使用 34 瓦的功率，比本田的 ASIMO 少了將近 60 倍。被動步行使得欠致動機器人成為可能，只需少數馬達即可，不像本田的 ASIMO 需要那麼多馬達。

現在，過了十幾年後，支持被動步行設計的人決定採取折衷方式。被動步行機器人的問題在於它們太容易跌倒了，這便是為什麼史提夫得花一整個夏天的時間來調整機器人的腳，即使調整好了，還是得在機器人走路時跟在旁邊待命。現在，就連史提夫的指導老師安迪也同意，步行機器人最重要的設計準則就是避免跌倒，這就表示要給機器人加上感測器和馬達，以便即時調整步態。安迪相信，未來的機器人將能仿效被動步行機器人的節能特點與優雅步態，但同時也仰賴一些致動器來防止跌倒的情況發生。這類機器人將會是複雜的本田 ASIMO 與簡單的威爾森木企鵝之間的折衷版本。

在前兩則故事中，我們學到了如何讓人類和機器人的走路有更高的燃料經濟性。在葛雷格設計的假肢外骨骼中，他用了一個裝置取代肌肉，來減少肌肉扮演離合器角色時所消耗的能量。史提夫的被動步行機器人則能像人類的腿一樣，將位能轉換成動能。透過能量間的轉換，動物和機器可以增加燃料經濟性。在下一則故事，我們將探討魚是如何利用周遭的能量，來讓自己能有效率地游泳。

哈佛大學的研究生廖健男 (Jimmy Liao) 把一條死掉的鱒魚輕輕放進水洞所模擬的湍急河流中，同時搖了搖頭。常識告訴他，這個測試是不會有結果的。然而，過去兩年來從博士論文研究所得到的科學證據一直盤旋在他的腦海，因此他終於決定讓步。他只需要回答一個問題：死魚會游泳嗎？很多人認為，應該是魚在水中游，但是健男將證實，在某些情況下，是水在游魚。

健男從六歲就開始釣鱒魚，因此經年累月下來，皮膚十分黝黑。學校裡的男孩大部分都愛踢足球，但是健男和朋友們每天放學後卻是坐在岸邊，釣著梭米爾河裡的鱒魚；梭米爾河慵懶緩慢地流經位於郊區的普萊森特維爾，這是他長大的地方。在那些午後，鱒魚成了健男的朋友，他知道鱒魚喜歡什麼餌、在什麼樣的天氣活躍、還有怎麼移動釣魚線鱒魚才會想追。他學到的最重要的祕密，就是鱒魚休憩的地點——鱒魚會躲在岩

石的下游面休息，這樣就不用抵抗水流。健男和朋友會在這些地方放線，這是他們在上課一整天後的放鬆休息。

　　當健男開始在喬治‧勞德位於哈佛大學比較動物學博物館的實驗室展開研究所生涯時，魚類學研究正經歷重大轉變。1980年代展開的電腦時代對工程學的每一個領域都產生影響，特別是流體力學這個領域。在過去，研究者將流體運動可視化的方法，是在水中放入微小而明亮的顆粒，稱作「追蹤粒子」，這是因為它們的軌跡會像用粉筆畫畫一樣，描繪出流體的動向。現代空氣動力學之父路德維希‧普朗特等空氣動力學家在發展、修正現代的機翼時，追蹤粒子扮演了十分關鍵的角色。1970年代的雷射光只能顯現很薄的一層流體，這項技術能提供好的影像，但還無法用來測量流速。1980年代的電腦革命讓人們能使用電腦來記錄粒子的位置，進而計算其移動速度，這項技術稱為「質點影像測速法」(particle image velocimetry, PIV)，是大部分航太公司的基石。在1990年代，健男的博士指導教授喬治‧勞德成為第一位使用質點影像測速法研究魚類的人。

　　廖健男緊跟在這項具有重大影響力的技術後頭，來到了研究所。健男的博士論文想做和鱒魚有關的實驗，重現美好的兒時釣魚歲月，更具體地說，他希望了解鱒魚躲在障礙物後方可以得到什麼好處。他提出一個假說，認為鱒魚是在利用類似自行車選手運用的「牽引氣流」(drafting) 省能技巧。選手騎行時會緊跟在另一名選手身後，運用這項技巧時，自行車選手之間的距離很重要，如果太遠，前方車手所提供的空氣動力屏障就

會不夠，如果再遠一點，就會被前方車手的尾流給掃到。健男很好奇，鱒魚選擇的停留處距離岩石多遠？

健男向附近的養鱒場訂購鱒魚。鱒魚寄到後，他把牠們放在直徑 240 公分的大圓桶飼養，並讓桶內的水持續循環。在做實驗的日子，健男會把鱒魚撈起帶到水洞中，水洞是其中一端裝有強力幫浦的大魚缸，幫浦會讓水流過整個缸，模擬快速流動的溪流。每一個幫浦前方都有一個等距放置的塑膠網格，用來濾掉會干擾鱒魚的漩渦，水在流過網格後就會變成「層流」(laminar)，平順地流動。

健男和麻省理工學院的海洋工程學研究生大衛・比爾 (David Beal) 是朋友，兩人的學校在同一條街上。大衛的實驗室當時正在研發機器鮪魚二代 (Robotuna II)，是機器鮪魚的更新版本。健男下課後會去找他，就像當年在普萊森特維爾的時候一樣，但是現在他不是為了釣鱒魚，而是想了解鱒魚是怎麼游泳的。

健男想要知道，魚兒對放在水洞中的障礙物會有什麼反應。起初，他試圖模仿自然環境，在水洞裡放置樹枝和石頭，但問題是，要正確放置這些形狀各異的障礙物，變因實在太多了，要能每次都做出一模一樣的實驗很困難。他的工程學家朋友大衛建議他使用 D 形柱，將一個圓柱體用圓鋸鋸成剖面看起來像字母 "D" 的形狀，如圖5.4所示。這個 D 形柱寬度和拳頭差不多，但長到足以從水洞的底部延伸到頂部。當然，野外的鱒魚不會在這種形狀的東西後面游泳，但 D 形柱是最佳選擇，因為可以利用它來精準地控制尾流。這個物體又長又細，是為了要製造

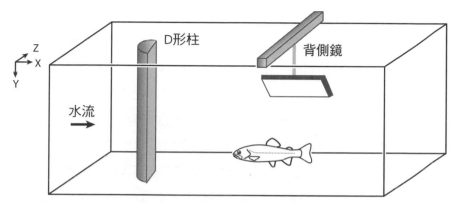

圖 5.4 鱒魚在水洞中躲在 D 形柱後方游泳。箭頭代表水的流向。當流體流經 D 形柱時，會產生渦旋剝離，影響魚的運動。（圖片改編自廖健男的原圖。）

出二維的流動模式，讓魚兒無論位於水洞的何種高度所感受到的水流都是一樣的，這一點很重要，因為魚在水洞裡可以自由活動。在流體力學領域中，長久以來多選擇使用圓柱體，因為它很容易以數學來描述，從而使圓柱體後方的尾流也更容易以數學來描述。如果在流速夠高的水流中，圓柱體後方就會產生一種稱為「卡門渦列」(Karman vortex street) 的振盪尾流，看起來就像紮染上衣的漩渦圖樣。你可能會以為流經圓柱體的水流看起來應該和圓柱體前方的水流長得差不多，不過就是同樣的水繼續流過罷了，但事實上，圓柱體會製造出反覆的渦旋模式，這是流體具有不穩定性的一個例子，也就是原本一致的水流受到某個物體的干擾，因而產生了振盪。D 形柱體讓實驗更具可重複性，因為渦旋會從 D 形柱體的邊角剝離，因此每次實驗都會在同個位置產生同樣的結果。

　　大衛拿來 D 形柱的那天，健男和他花了一整天觀察水洞中的鱒魚。房間裡的燈關掉了，綠色的雷射光則是開著的，唯一的聲響是從幫浦打出的水，驅使流體在水洞中流動。好幾個小時過去，鱒魚根本就避免在障礙物後游泳，選擇待在水洞的角落。時近傍晚，健男和大衛開始累了，準備放棄探究鱒魚是怎麼躲在石頭後面的。在把魚帶回實驗室之前，健男決定再試試最後一項實驗，他將水洞的流速調到最大，此時幫浦發出巨大的呼呼聲。

　　健男和大衛看見鱒魚被吸到圓柱後方的區域，彷彿有人啟動吸塵器似的，這就是他們一直在等待的時刻，他們發出歡呼。接著，更奇怪的是，那隻鱒魚就這樣維持同樣的姿勢，頭一動也不動，魚鰭貼著身體，尾巴有如節拍器般來回擺動，一次可持續好幾分鐘（附圖 8）。這時，魚的身體彷彿被一面旗幟取代了。只要觀察過水族箱裡的魚，就知道這個行為很怪異。魚兒游泳時，通常會動用所有的鰭，包含胸鰭、尾鰭、背鰭，因此通常不會定住不移動，而是會不斷探索周遭環境，隨意移動。看見一條定住不動而只擺動尾巴的魚，感覺確實很怪。

　　這條魚的行為也和當時有關魚如何自我推進的理解完全相反。當時的觀點是，魚是靠把水往後推的方式來移動的，這個原理在很多地方都獲得證實，也適用於魚的每一個鰭。每一個魚鰭的動作都會將一個小渦旋往後送，魚也因此被推往反方向。但是，當渦旋推往魚時，牠會做出什麼樣的行為，又是另一個問題了。當時，大多數的研究把重點放在魚兒在靜止不動或速度不變的水流中所做的行為，少有研究考量魚兒會對渦旋做出

什麼反應。其實，觀察魚兒遇到渦旋時的行為，更能賦予我們準確的觀點，來了解在快速流動的河流或深海的波浪中，大自然對魚類是呈現何種樣貌。

健男對這條魚的怪異動作思索了一番，最後判定這是個沒人發現過的新步態。在動物運動學領域中，所謂的「步態」指的是將動物往前推進的身體動作樣態，例如，馬的步態有行走、快步、溜蹄、慢跑、疾馳等。當時，魚的步態已經有好幾種分類，但沒有一個符合魚在圓柱體後方緩慢拍動尾鰭的步態，健男決定把這個步態命名為卡門步態 (Karman gait)，但魚是如何做出這個奇怪的步態呢？他決定使用「肌電圖」(electromyography, EMG)，也就是測量肌肉電活動的一項技術，這項技術最早是由發現電鱝的肌肉會產生電力的弗朗切斯科・雷迪 (Francesco Redi) 在 1773 年所發明。測量魚的肌肉活動狀態，健男就能開始了解魚在進行卡門步態時，牠的身體在做什麼。

使用肌電圖技術時，得將電線的尖端置入魚的皮膚下，這麼一來，魚的肌肉就像電池，會產生可以被測量到的電壓。研究者會用一種類似糖粉且可溶解在水中的物質 MS-222 來使魚陷入沉睡；濃度低時，它可以使魚兒鎮靜或陷入麻醉，但若濃度太高，魚就會死亡。在魚被麻醉後，健男把和針灸的針一樣大的小電線插進魚的皮膚底下，接著，他把這些電線接到訊號放大器，用以放大從電線測量到的電訊號。然後，這條插著電線的魚被放回水洞中，緩慢甦醒。每次肌肉出現收縮時，連接著肌電圖電線的電腦就會發出嗶嗶聲，可是當魚開始進行卡門

步熊時，嗶嗶聲變小了很多。或許是健男的裝置出了什麼問題，但如果裝置沒弄錯，那就表示魚完全沒在使用肌肉。那麼，是什麼讓魚的尾巴來回擺動的？

健男有個假設：魚放鬆所有的肌肉，讓水流來移動自己的身體，於是活魚成了一面被動的旗子，換句話說，牠變成一個能量擷取裝置了。魚並沒有使用自身的能量來讓自己維持停留在圓柱體後方，反倒是放鬆身體，任由水流將身體移到正確的位置。他猜測，圓柱所製造的一系列流動型式能產生夠強的流體動力，足以讓魚在水流中維持在固定的位置上。這在當時是很大膽的理論，從來沒有人聽說過活魚會裝死，藉此從周遭環境中獲取利益。健男決定為這個理論進行最終測試，他一點也不喜歡殺魚，所以這個實驗他只做了一次。

健男提高魚缸裡的 MS-222 濃度，將魚殺死，接著把死掉的魚放進水洞中。當死魚一進入圓柱尾流的範圍內，它立刻被吸進尾流中，也同樣開始擺動尾巴，就好像死魚又復活了！事實上，死魚並沒有在游泳，而是「被」周遭的水流所游動，就像傀儡一般。操控傀儡的大師就是死魚周圍的渦旋，能來回搖擺軟趴趴的魚身。這便證實，如果魚放鬆身體，就能擷取周遭的能量，進而能相對於水流產生往前的移動。這不只是像風箏被風推動而已，而是彷彿風箏有了魚的軀體，還能逆風上游。健男的實驗顯示，亂流不一定是不好的。當坐在飛機上時，我們都很害怕亂流，但如果是特殊類型的亂流，魚便能利用它，從中擷取能量，進而省下自己的能量。

在這一章，每個故事都與能量的概念有關。葛雷格・薩維奇基建造了 個可以代替肌肉收縮的裝置，讓人類行走時可節省能量；史提夫・柯林斯做了一個懂得從重力擷取能量的步行機器人，能夠穩穩地走下斜坡；廖健男證實，死魚會游泳，是因為能從周遭環境擷取能量，這些全都是使用較少能量從甲地移動到乙地的方法。但是有時動物的目標不是要節能，有時候，無論途中遭遇什麼阻礙，動物都必須從甲地到達乙地，為了做到這點，牠們必須適應碰撞，而這就是我們下一章所要探討的。

第六章

雨中飛行

　　蚊子怎麼能在雨中飛？典型的雨滴大小和蚊子差不多，都只有幾毫米。可是，雨滴呈球狀，密度也高很多，因此，從天而降的雨滴是蚊子的 50 倍重，相當於貨車跟人類的差距。就連濛濛細雨的小雨滴也和蚊子的重量相當，而且移動速度比蚊子快。蚊子被一滴雨打中後是怎麼存活下來的？又是如何活過傾盆大雨時那密集的雨滴轟炸？

　　蚊子所面臨的問題，是很多昆蟲都會遇到的，牠們活在一個充斥著難以預測的大型障礙物的世界裡。覓食的蜂飛經一片花海時，植物的莖幹會被風吹得四處搖晃，捉摸不定；蟑螂在黑暗中跑過地面時，也無可避免地會撞上東西，這一章要談的是昆蟲為了應付碰撞所演化出來的機制。

　　為了研究蚊子是怎麼在暴雨中存活下來的，我和我的研究生安卓・狄克森參觀了亞特蘭大的疾病管制中心。在進入蚊子

繁殖室之後，我有一種被監視的詭異感覺，四周的籠子發出高音頻的嗡嗡聲，是數以萬計等著吸血的蚊子全體拍動翅膀的聲音。我俯身靠近籠子，看見牠們飛撲過來，甚至可以感覺到翅膀拍動時產生的極輕柔微風，好比數百萬片雪花同時墜落。

在過去，疾病管制中心的科學家會把兔子放在籠子裡餵蚊子，歷經多年後，實驗室的一名技師保羅・浩爾 (Paul Howell) 想到一個比較簡單的方法。保羅時常把一隻手臂蓋在黑布下，仔細一看，會發現他其實是在用自己的血餵蚊子。保羅說：「蚊子比較喜歡在黑暗中進食。」這些吸血生物能夠從紗網籠子裡直接叮咬保羅的手，他只需要讓手臂接觸籠子即可，在蚊子忙著吸乾保羅的血時，他仍一邊跟我們說話。一分鐘後，他餵完蚊子了，把手移出黑布，上頭布滿了數千個小紅點，彷彿是紅筆戳出來的，他的身體已經非常適應被蚊子叮咬，所以不再紅腫。

我和安卓回到喬治亞理工學院，有點受到驚嚇，但也很開心紙罐裡裝了幾百隻蚊子回來。接下來幾年，這種接蚊子回來的事將成為我們實驗室的常態。安卓在實驗室裡建了一個暴雨模擬器，由於蚊子太小、雨滴太難以預測，所以不可能透過攝影機來捕捉到兩者在大自然中的碰撞現象。為了提高成功率，安卓做了一個壓克力雨箱，高度和鞋盒差不多，寬度則和拳頭一樣，底部有紗網讓雨滴穿透。一百隻蚊子聞到安卓的氣味，便興奮地在狹小的箱子裡嗡嗡亂飛。雨箱上方懸吊一個幫浦，能釋放出大小及速度都固定的水滴，水滴會在相同的路徑上規律落下，因此，蚊子只要身在水滴經過的地方，就一定會被打到，我們只需要架好高速攝影機，靜靜等待即可。

　　我們用肉眼無法看見任何東西，我們只知道，雨水的攻勢似乎完全不影響蚊子，牠們還是繼續在箱子裡嗡嗡叫。當安卓第一次捕捉到蚊子被雨滴打中的畫面時，我們並不曉得會看見什麼。我們兩個人都熱切地觀看慢速播放的影片（圖6.1；附圖9），看著水滴在一張張接續的畫面中往下掉，終於打中蚊子時，雨滴稍稍壓扁了些，但接著又繼續落下，並沒有水花四濺。蚊子連同雨滴一起往下掉了幾公分，接著就滑開了。水滴持續往下落，而蚊子繼續飛牠的，雙方都毫髮無傷。

圖6.1　兩組蚊子被水滴擊中過程的連續畫面。（上排）水滴擊中蚊子的翅膀，導致蚊子在空中旋轉。（下排）蚊子被短暫地往下推。兩隻蚊子都輕鬆地恢復正常，並繼續飛行。

　　雨滴和蚊子的短暫相遇，解開蚊子之所以能從這樣的重擊中存活下來的祕密。兩者的交互作用有別於我們被雨淋的經驗，倘若你在暴雨中伸出手掌心，雨滴擊中手掌後會分裂成許多小

水滴,而你會在手上感覺到一股力道,因為你的手在抵抗雨滴的運動。然而,蚊子的重量僅有雨滴的 2%,輕到無法抵抗雨滴的運動,牠們就像太極拳大師,讓雨滴暢通無阻地繼續它的路程。想像一下,用盡全身力氣重捶氣球時,因為氣球沒有反抗你的拳頭,你也就無法對它造成任何傷害。事實上,用一隻手揮打蚊子是不可能打死牠的,你只是在推牠,讓牠搭了順風車,殺死蚊子的唯一辦法,就是用兩隻手合掌拍打,或趁牠在你身上某部位吸血時一手打下。

暴雨並非唯一的阻礙。在下一則故事中,我們會了解覓食的蜂是如何應付撞上花朵和其他植物的問題,而這種撞擊比被掉落的雨滴打中還要嚴重許多。曾經開車撞到樹或路燈的人一定知道,這些笨重的物體不會移動,那麼,蜂如何能存活下來並繼續牠的路程呢?

當史黛西・孔貝 (Stacey Combes) 找來博士後研究員安卓・卯卡梭 (Andrew Mountcastle) 一起研究昆蟲飛行時,她正被一篇研究論文所啟發。卡爾加里大學的生物學家雷夫・卡他 (Ralph Cartar) 與丹努夏・佛絲特 (Danusha Foster) 在 2011 年做了一個研究,他們將錄影機和麥克風放置在熊蜂經常造訪的花海中。當他們慢速播放錄音時,偶爾會聽到一陣一陣的怪異喀嚓聲,類似把一個東西放進電風扇時會聽見的聲音。這是什麼聲音呢?他們把錄音對上錄下的影像,發現那是蜂的翅膀以每分鐘

50～100 下的頻率擊打花朵時所發出的聲音。這頻繁的撞擊就是使蜂翅邊緣隨著時間變得愈來愈不平整的原因。

熊蜂所遭遇的反覆撞擊若換作是發生在飛機的機翼，機翼一次就會撞壞了。部分原因是，蜂的翅膀很輕。飛機是利用螺旋槳來產生升力，而昆蟲則靠拍動翅膀來飛行，並且拍動的速度必須非常快，才能產生足以支撐體重的力量。蜂每一秒鐘就得振翅 200 下，所以牠的翅膀必須愈輕愈好。事實上，昆蟲的翅膀重量範圍可占體重的 0.5%～6% 之間。

不停碰撞障礙物的生活型態令人難以想像，但從飛行昆蟲的角度來思考，就比較好理解了。基於能量的因素，蜂無法承擔放慢速度來閃躲障礙物的後果。在飛行時，能量不斷被消耗，飛行所消耗的能量是走路的 10 倍，即使要在半空中停下來，也必須要懸停，耗能的速度又比一般飛行更快。除此之外，蜂還需要應付整個蜂群的能量需求，為了讓蜂群成長茁壯，一隻蜜蜂每趟回程都得攜帶高達體重 30% 的花粉。如此令人疲累不堪的工作時程以及高度耗能的飛行成本，都使蜂沒有時間停下來思考，無論中途會遭遇什麼阻礙，牠都一定要用最快的速度從甲地到達乙地。

為了探究昆蟲撞到植物後翅膀為什麼不會斷，史黛西和她的博士後研究員安卓必須為昆蟲設計一個受控碰撞測試。首先，他們抓了一些熊蜂和胡蜂，以冷空氣將牠們麻醉。他們為蜂製作了一個黃銅製的束縛裝置，可以讓翅膀呈現打開的姿勢，並保護牠不因為掙扎而受傷。現在，昆蟲乖乖不動了，他們便能溫和地對翅膀施力，來模擬撞擊。當推動昆蟲的翅膀時，翅膀

的褶皺會讓它以可預測的方式彎曲，好似一隻紙鶴般。

　　昆蟲的翅膀是以兩片薄膜所組成，就像三明治的吐司部分，並由二維的翅脈網絡相連。翅脈網絡讓翅膀看起來就像一隻被拆開攤平的紙鶴，每一種昆蟲都有自己獨特的翅脈型式。熊蜂和胡蜂的翅膀都有翅脈和一個「褶皺緩衝區」(crumple zone)，當翅膀形變時便會形成的清楚褶皺。當翅膀撞到樹枝時，褶皺緩衝區便產生可逆的彎曲形變，而當昆蟲推離樹枝時，翅脈所儲存的彈性位能會讓翅膀再次張開，回復平坦的形狀。從圖 6.2 可見胡蜂的翅脈紋理（黑線的部分）以及淡淡的斜向摺痕，亦即當翅膀遭受撞擊時會出現褶皺的地方。

　　史黛西和安卓為熊蜂的翅膀設計了一個固定器，把它裝在褶皺緩衝區。這個固定器會讓翅膀無法形變，使緩衝區失去效用。此外，他們也想測試裝了固定器的熊蜂飛行狀況如何，所以固定器千萬不能大幅增加翅膀的重量，熊蜂的翅膀大約跟一粒芝麻一樣重，而固定器必須比那輕上許多。由於熊蜂會來回拍動翅膀，任何附加重量都將改變熊蜂的運動。

　　安卓試了許多選項，包括用木夾板以及一點點黏膠，但這些選項不是因為太弱而不足以限制翅膀形變，就是太重而讓翅膀無法拍動。實驗室裡的一位暑期專題生看他埋首顯微鏡苦做卻毫無斬獲，便問他：你有試過亮粉嗎？安卓透過顯微鏡看到塑膠亮粉非常薄，而且每一片的重量只有芝麻的 1%。網路上最便宜的亮粉顏色是群青色，他便買了一瓶群青色的超細聚酯亮粉，這些用來做實驗絕對足夠。

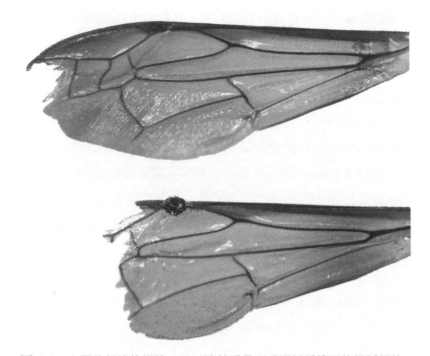

圖 **6.2**　上圖為胡蜂的翅膀，可以清楚看見形成褶皺緩衝區的翅脈網絡。翅脈嵌有節肢彈性蛋白 (reslin)，是一種具有彈性的材料，在紫外線照射下會發出螢光，因此清晰可見。下圖中，翅膀被一片六角形的亮粉給固定住。經過 30 萬次以上的碰撞後，沒有被固定的翅膀大部分仍完好如初，但有被固定住的翅膀卻破損了。（圖片由安卓・卯卡梭提供。）

　　亮粉的直徑只有半毫米，想用鑷子夾起來是不可能的，因為鑷子的尖端太大了。材料科學家過去就曾處理過不易拿起的脆弱玻璃與陶瓷，故發明了 Crystalbond（一種熱熔膠）這種可逆的黏著劑，遇熱時會流動，冷卻後則會硬化。安卓用尖端沾了這種熱熔膠的鑷子來沾亮粉，只要加熱鑷子，便能釋出亮粉。

翅膀上的熱熔膠乾掉之後，他們便將熊蜂放出來，並在牠身上繫了一串塑膠珠。珠子垂在飛行中的熊蜂下方，只要計算離地的珠子有多少顆，安卓就能測量這隻熊蜂的最大載重能力，進而知道翅膀的可撓性 (flexibility)（可以產生彎曲形變的特性）對載運能力的影響。這是個重要的實驗，因為當時有不少理論研究試圖了解翅膀的可撓性是否對昆蟲有助益。過去的研究者是用電腦模擬來研究作用在可撓性翅膀上的力，但若要把複雜的振翅動作加入模擬並不容易。安卓的實驗可以一舉釐清翅膀可撓性所造成的影響。

　　翅膀的可撓性對蜂的載運能力確實有可測得的影響，這令安卓與史黛西相當驚訝。相較於堅硬無法變形的翅膀，可撓性翅膀能使蜂承載的重量多出 10%，這就表示，翅膀上有褶皺緩衝區的蜂可以減少 10% 的耗能。

　　安卓和史黛西也相信，翅膀的可撓性跟昆蟲之所以能從撞擊中存活下來有關。他們在熊蜂和胡蜂的翅膀上都放了亮粉來限制翅膀形變，結果發現這對胡蜂的翅膀影響較大。接著，他們讓胡蜂進行撞擊測試，他們把胡蜂固定在先前建造的束縛裝置中，接著讓牠像旋轉木馬一樣轉圈圈，每轉一圈，牠便會和一個物體相撞，這個設置模擬胡蜂一生中所會遭遇到的撞擊。在轉了 30 分鐘、撞擊 40 萬次之後，他們可以看見翅膀有明顯的磨損，就好像被什麼東西咬了一口似的（圖 6.2）。若在翅膀上放固定器，讓翅膀變得較堅硬而不易形變，咬痕就會更大，這顯示出翅膀的可撓性確實能助其承受撞擊。因此，褶皺緩衝區就像避震器，讓翅膀能彎曲而不斷裂。在設計飛行機器人的

翅膀時，若能加入褶皺緩衝區的設計，或許有助於以較少的能量飛得更遠，並在撞擊物體時不會受損。

　　昆蟲的翅膀怎能承受 40 萬次的撞擊？其中一個原因是褶皺緩衝區的特殊材料——一塊塊節肢彈性蛋白。如果用紫外線來照射蜂的翅膀，具有節肢彈性蛋白的部分就會發光。節肢彈性蛋白是一種超級具有彈性的材料，可延展到原長度的 300%，並能回饋輸出高達 97% 的原始輸入能量，這是地球上最接近完美彈簧的材料。我們所能製造出最接近完美彈簧的材料是 "Zectron"，亦即超級彈力球 (Super Ball) 的主要材料。這種球的回彈高度為原釋放高度的 81%，相較之下，高爾夫球可回彈至原高度的 74%，網球是 50%，而木球只有 35%。如果能製造出生物相容的節肢彈性蛋白，將會顛覆運動賽事。脊椎動物仰賴的是相對較弱的肌腱，它只能回復 90% 的儲存能量，倘若用昆蟲的節肢彈性蛋白來取代我們的肌腱，我們所踏出的每一步將能多出 10% 的距離。

　　有些昆蟲不只翅膀上有褶皺緩衝區，牠們把整個身體都變成褶皺緩衝區了，這些昆蟲不僅能躲開短暫的撞擊，還能依周遭環境來把身體變成完全不同的形狀。這聽起來好像科幻小說，但這種昆蟲其實就在我們身邊，即使在我們以為自己單獨一人時。牠們是住家的祕密房客，是廚房的掠奪者。牠們使用這種能力潛入我們的房子，無論縫隙有多小。

　　黎明時分，柏克萊生物系的學生高什克・賈拉雅姆 (Kaushik Jarayam) 聽見蟑螂竄走的聲音，他正坐在生命科學系館的階梯

上吃貝果，就跟每天早晨一樣。貝果的屑屑掉落在水泥階梯上，
竄走的聲音愈來愈大，甚至演變成窸窣聲，同時，附近山茱萸
樹下的落葉堆也開始出現動靜。他看見灌木叢中冒出兩根長長
的觸角，接著是一抹褐色物體朝他的腳衝來。高什克本能地站
起身，胡亂踩踏了幾下，大部分只踩到水泥地，但其中一下踩
到了一個小生物，發出壓扁的聲音。那個生物迅速逃跑，衝進
他剛剛坐著的階梯上的一個小縫隙。那是似乎天下無敵的美洲
蟑螂 (*Periplaneta americana*)，即使鞋子踩中了牠，牠卻還逃得
了，高什克不禁感到好奇：蟑螂怎麼有辦法活過這樣的重擊？
在進行縝密的實驗後，高什克將會發現這些動物看起來很堅硬，
實際上卻很柔軟。在研究的歷程中，他將發明一種可被輾壓的
機器人，會變形，但不會碎裂。

　　高什克正在攻讀生物學博士學位，但是他從未上過任何一
堂生物學的課程。他在印度的邦加羅爾長大，這個地方在他小
時候還是個小鎮，但後來發展成一座繁忙的都市，有許多資訊
科技人才湧入。他曾就讀印度理工學院孟買校區，專攻機械工
程，特別是製造領域。在我們的世界，隨處可見製造的痕跡，
例如加工成型的塑膠或鑄造的金屬，這當中大部分的成品都是
堅硬的。高什克將開始了解，製造業的發展前沿不再是如何讓
機器和裝置更加堅硬，而是如何把這些東西變得更柔軟。

　　高什克對製造產生興趣時，正值四軸飛行器剛被開發出來。
四軸飛行器有四個各自獨立的旋翼，如同正方形的四個象限般
排列。旋翼的數量使四軸飛行器非常具有機動性，可以定點旋
轉、俯衝、懸停以及隨飛隨停。早期的四軸飛行器有一個問題，

那就是它們的性能遠超過存活能力，它們飛行的速度太快了，如果撞到東西，便直接碎屍萬段。因此，工程師開始在飛行器外圍包覆一種類似倉鼠滾輪的保護裝置，倘若發生碰撞，保護裝置會先被壓碎，以便保護裡頭的旋翼。

於是，高什克便開始研究蟑螂的運動，因為牠似乎無論受到什麼樣的撞擊都似乎無法被摧毀。從蟑螂的角度來看，這種能力是必需的，因為牠們一直處在被掠食者吃掉的危險當中，蜥蜴、貓、鳥等動物都很樂意大啖蟑螂這種具有豐富蛋白質與脂肪的營養來源。一旦被抓住，蟑螂很快就會遭到嚼食吞嚥，因此能存活的唯一機會就是加速逃跑，愈快愈好。

蟑螂隨時準備逃命，牠們可以在 1/50 秒的時間內做出反應，比人類快上 10 倍；牠們能以每秒 25 倍體長的速度奔跑，相當於一輛車以每小時 450 公里的速度前進。速度是蟑螂生存的關鍵，因為太重要了，所以蟑螂沒有時間閃躲物體，只能直直一頭撞上。如果你把這個動作用高速攝影機拍下，接著慢速播放，就會看見蟑螂是衝撞牆壁，回彈，接著才直爬上牆。如果牆壁下方有小縫隙，牠會以最快的速度把身體擠進去，這個行為可以讓牠在體型大上許多的掠食者面前消失無蹤，牠們通常是僥倖成功的。蒙大拿州的生物學家塔拉‧馬吉尼斯 (Tara Maginnis) 曾對野外昆蟲進行一次普查。昆蟲生來會有六隻腳，但在野外捕獲的昆蟲之中，腳的平均數目卻是五隻，這些五腳昆蟲算是幸運的了，牠們勉強成功逃脫，可以再多橫行一天。

　　由於蟑螂速度太快，在野外很難觀察，高什克便在實驗室裡做了一個障礙訓練場。蟑螂喜歡生活在散落著枯枝落葉的林地上，在這樣的環境中，其褐黑相間的體色有助完美偽裝。高什克建了一個開放的走道，末端是一個隧道入口，隧道屋頂只有兩枚硬幣疊起來的高度，是蟑螂站立時高度的 1/4。當蟑螂要進入隧道時，就會像黃金獵犬要把身體擠進信箱一樣。

　　高什克用高速攝影機拍攝蟑螂進入隧道的動作，從遠方看，這隧道口就像是個小縫隙。在進入隧道前，蟑螂會先把長長的觸角伸進去，探索完裡面的空間之後，牠會短暫停頓，接著再把頭塞進縫隙，瞧瞧裡面。有時，牠得硬塞好幾次，頭才進得去。蟑螂高 1.2 公分，是縫隙高度的 4 倍，為了擠進洞裡，牠用前腳往前走。縫隙很低，因此當牠把頭塞進去時，身體會往上傾斜 45 度，導致後腳在半空中亂踢。蟑螂處變不驚，繼續用前腳把身體拉進縫隙，短短 1 秒鐘，整隻蟑螂已經進到縫隙中，從掠食者的角度看，蟑螂就像是憑空消失了。

　　高什克用玻璃排成隧道的牆壁，這樣就能看到裡面。蟑螂幾乎把自己擠壓到完全扁平，牠在站立時，腳通常是位在身體下方，但現在卻像螃蟹一樣水平攤開。高什克拿一根棒子往隧道裡戳，模仿貓把爪子伸進去的動作。令人驚訝的是，蟑螂竟以螃蟹走路的方式遠離棒子。他又多戳了幾下，蟑螂加快速度並開始跑了起來，雖然這時身體仍處在被壓平的狀態。

　　被壓扁的動物還能夠全速衝刺，令高什克十分訝異。我們在開車經過狹窄巷弄時，並不會全速行進，若全速行進的話，

車子很容易就會損壞到無以修復的地步。雖然蟑螂看起來全身覆蓋著閃亮的盔甲，但牠們其實有許多柔軟的關節，讓身體能極度靈活地形變。例如，蟑螂腳上的每一個關節都是由柔軟可形變的半透明膜所組成，就如中世紀騎士的盔甲在膝蓋和肩膀部位有著互相重疊的甲片一般。蟑螂的腹部也覆滿了百葉窗般互相重疊的甲片，高什克認為，這些重疊的甲片允許蟑螂的身體在壓平時往側邊擴展。蟑螂天生就是可以被壓扁的。

　　為了測試蟑螂的極限，他把蟑螂放在機械式壓機裡，四面都有透明牆壁，以防蟑螂脫逃。接著，他施加等同於蟑螂體重900 倍大的力在牠身上，相當於把人壓在一間單房公寓底下。此時腹部甲片輕輕擴張，讓蟑螂柔軟的內臟得以透過柔軟的透明膜被推出。蟑螂的體內大部分是液體，因此當身體受到向下的壓力時，也就意謂體液必需從某處流出，而流出的地方就在甲片之間。當外力消除後，這些透明膜會把蟑螂推回正常的形狀。蟑螂在承受這麼大的外力後，仍能毫髮無傷地走開，牠們就像一顆裝有馬達的壓力水球，縱使被壓扁到認不出原貌，仍能繼續行走。

　　蟑螂可以承受多大的下壓力而不死亡，就要看牠的外骨骼能承受多大的體內液壓了。然而，機器人就不會有這樣的限制，它們互相連結的部位可以是空氣，而不必是液體，就跟紙鶴一樣，機器人具有被壓成一張紙後仍可繼續運作的潛力。高什克受到蟑螂承受輾壓的能力所啟發，決定製作一個人造版本。

　　在前幾年，六足機器人的發展開始出現變革。研究人員對於可動的足式機器人一直都很感興趣，但使科學家的興趣達到巔

峰的，是美國國防高等研究計劃署在 2000 年召集數名研究人員
參與的特殊會議。國防高等研究計劃署因資助月球探測而成為著
名的政府機構，這些深具野心的探測計畫推動該領域的進展。那
年，他們對具有跟昆蟲一樣行動能力的足式機器人產生興趣，
高什克的指導教授鮑勃・弗爾 (Bob Full) 以及密西根大學的電機
工程學家丹尼爾・科德舒克都在場。丹尼爾觀看了鮑勃有關蟑
螂跋涉過困難地形的影片，因而受到啟發，建造了六足機器人
RHex，大小和體重跟 7 公斤的鬥牛犬差不多。它可以走過石頭、
雜草和其他障礙物，全都是以開迴路的方式進行，也就是完全沒
有接收周遭環境的回饋，即使沒有眼睛，也能奔跑而不跌倒。

　　在 2009 年，微製程工業與機器人研究結合，建造了一系列
的輕量級六足機器人。其中，「動態自主式爬行六足機器人」
(Dynamic Autonomous Sprawled Hexapod，DASH) 是由一張厚
紙板做成，僅 30 公克，可以放在手掌心。這是由加利福尼亞
大學柏克萊分校的電機工程學教授榮恩・費林 (Ron Fearing) 的
學生保羅・柏克梅爾 (Paul Birkmeyer) 所設計的。柏克梅爾與
費林使用了一種稱為「智慧複合微結構製造」(smart composite
microstructures (SGM) manufacturing) 的技術，將堅硬的零件和
柔軟的零件結合在一起，建造出一種複合型機器人。首先，他
們使用電腦畫出一份藍圖，將要切割的地方事先安排在一個平
面上。接著，他們使用雷射切割術在一張卡紙上進行切割，然
後將紙對摺，並將一張具有彈性的聚酯薄片夾在中間，再使用
黏著劑和加熱的方式讓卡紙和聚酯薄片永久黏附在一起。最後

他們用雷射刀在上面切出洞來，讓它變成可以像立體書一樣彎曲摺疊的平坦形狀。最終完成的立體造型有六隻腳，只靠一個普通玩具遙控車會用的那種直流小馬達就能致動。這個機器人每秒可移動自己的一個體長距離，相當於汽車以每小時 16 公里的速度前進，柔軟的外殼也讓這款機器人適於被重新設計成可輾壓的機器人。

DASH 有一個根本問題使它無法被輾壓──它只能被壓到馬達的高度，因為馬達必須是堅硬的。那時，完全以柔軟的橡膠製成的馬達尚未被發明出來。高什克的創新之處在於他用兩個小一點的馬達來驅動機器人，馬達置於機器人的左右兩側，分別驅動該側的三隻腳。由於每個馬達只需要驅動三隻腳，而非六隻，因此可以比原本的馬達還要小。

原版的 DASH 有一個方形底座，是用來固定六隻腳的地方。高什克在機器人的中間位置設計了一個斷裂區，讓機器人可以被往下壓，但又能回彈（圖 6.3）。你可以把它想像成中間有彈簧連接的兩個底座，用手指把它往下壓時，機器人的兩半就會向外展開；把手放開時，機器人就會彈回來。最後，高什克把一張聚酯薄片摺成可壓縮的外殼，就像摺紙帽那樣，然後將它覆蓋在機器人的上端。他用油來潤滑這個外殼，以減少它與隧道天花板間的摩擦力。

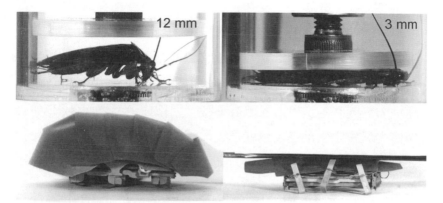

圖 6.3　全名為「具關節機構之可壓縮機器人」(compressible robot with articulated mechanisms) 的仿生機器人 CRAM 及其自然之師美洲蟑螂。在被壓縮到原本高度的一半下，機器人仍可移動；而蟑螂則能在被壓縮到原本高度的 1/4 時仍保持運動能力。（圖片由高什克・賈拉雅姆提供。）

　　當機器人站立時，可以輕易走在堅硬的地面上。整個機器人只有巴掌大，僅 50 公克重，不過幾顆葡萄的重量。這是可以自主的機器人，電池和電子設備都裝在身上，它的主體是由層壓紙製成，所以可用手拿起、放下、甚至彎折扭曲。接著，高什克把機器人放進只有它一半高的隧道中，就如他所設計好的，機器人背部的中間位置可以彎曲，讓它被壓平。然而，彈簧的反作用力大力頂住天花板和地面，產生很大的摩擦力，使機器人動彈不得。機器人掙扎著想把自己往前推，但六隻小腳卻只是對地面又抓又刮，徒勞無功。

　　把馬達一分為二、讓體節可以變形的設計都發揮了成效，但現在問題出在腳上，他必須重新設計腳的部分。目前，他把腳設計成火柴般的紙造腳，而機器人就靠這些腳走路，但當機器人被壓縮時，這些火柴腳會彎離主體，使腳無法獲得足夠的抓地力。同時，當機器人遭擠壓時，因頂住上下壁而多出來的摩擦力又會阻礙前進，也就是說，腳的姿勢已經很奇怪了，而天花板加壓在機器人身上的力又使得腳必須出更多力才行。於是，高什克重新觀看蟑螂爬行的影片。

　　蟑螂的腳就跟牠的腹部一樣，是可以折疊的。當蟑螂不受拘束自由奔跑時，腳尖會碰觸地面，然而，在隧道中，牠把腿往外張，就像在劈腿一樣，牠用膝蓋來推離地面，跟我們爬行時一樣。而當蟑螂一離開隧道，儲存在腿部的彈性位能便立刻把蟑螂推回站立的姿勢。

　　高什克領悟到，機器人的腳也必須設計成可折疊的，這樣無論是站立或壓縮的姿勢，腳都能緊抓住地。他把火柴折成一半，設計出 L 形的腳，接著把連接腳的關節設計得更有彈性。當站立時，機器人會用 L 形的其中一邊走路；當被壓縮時，腳則會向外攤開，使機器人還是可以用 L 形腳的另一邊走路。這個設計使得機器人的腳無論在什麼姿態下，都可以抓牢地面。

　　高什克的可壓折機器人或許可以應用在搜救行動。地震過後，現場救難人員會希望評估瓦礫堆中是否仍有生還者，問題是瓦礫堆通常十分不穩定，人走在上面太危險了，這時若能派出大量像高什克設計的這類可壓折的小型機器人，裝配著感應器，就

能穿梭在各個角落和裂縫來尋找生還者。高什克的機器人大部分是以廉價的材料製成，像是厚紙板和玩具馬達，因此，這種搜救機器人可以被當作消耗品使用，任務完成後毋須設法取回。

　　在這一章裡，所有的動物和機器人都展現了與障礙物發生碰撞時的應變能力，靠著身體構造的設計，可以回彈或壓扁身體而不受傷。在下一章，我們要認識神經系統如何運作，並看看動物要如何思考方能順利移動。

第七章

大腦主宰

　　為了演示果蠅的空氣動力學，康乃爾大學的物理學家王崢 (Jane Wang) 從校園中的麥格羅塔頂樓丟下了數張紙。紙張一開始是緩慢掉落，但後來速度漸漸加快，並開始彎折、翻滾和飄動。紙張混亂運動的驅動力，來自本身所製造出的看不見的渦流，因為紙太輕了，所以這些渦流會反過來影響它的移動路徑，反饋現象使得紙張以愈來愈難預測的方式往下掉。這樣的渦流隨處可見，當氣流通過樹枝或其他障礙物時都會產生，只是這些渦流通常小到我們察覺不到，但對果蠅這種昆蟲而言，這些渦流就像美式足球比賽的線衛球員。

　　這章要談的是動物如何對周遭環境做出自動反應。當開車時，你會用到一種類似的系統——定速巡航，讓你在高速公路上可以維持固定的速度。現在，請把你的車想像成原本就不穩定的風箏，如果你讓車子靠慣性滑行，重量不重的車子就會晃

來晃去，在高速公路上蛇行。這就是果蠅的日常，果蠅想要飛的話，牠的感測器和翅膀之間一定要有持續不斷的回饋作用才行。

在 1996 年，王崢拿到芝加哥大學的物理學博士學位，成為亂流領域的專家；所謂的亂流，是流體變化快速、充滿混亂的流動狀態。王崢接著到牛津大學擔任博士後研究員，繼續亂流的研究。某天，她在數學研究所的圖書館閱讀文獻時，決定休息一下，她到流體力學區走一走，一本小書吸引了她的目光，書名是《游泳與飛行的力學》(*The Mechanics of Swimming and Flying*)。她覺得這個主題很有趣，後來造訪作者史提夫‧切爾德利斯 (Steve Childress) 任教的紐約大學時，心裡還惦記著此書。史提夫的辦公室有很多流體動力及其相關方程式的圖片，他用帶著德州腔的口音告訴王崢，昆蟲的飛行是一個非常令人困惑的研究領域，這番話深植在她心中。隔年，王崢以訪問學者的身分待在紐約大學，應用自己對亂流的知識，試圖了解昆蟲究竟是如何飛行的（圖 7.1）。

模擬昆蟲飛行最大的困難點在於，昆蟲的翅膀跟紙一樣薄，要解析翅膀後緣的流體動向格外不容易，但昆蟲飛行的神奇之處，偏偏就發生在這銳利的邊緣。翅膀周圍的邊界層會生成剝離渦旋，產生更多升力。問題是，在銳利的尖端——亦即所謂的「奇異點」(singularity)——四周所產生的氣流本身就很難解析。用以描述流體流動的控制方程式，亦即納維爾－史托克斯方程式 (Navier–Stokes equations)，目前仍無簡單解。事實上，克雷數學研究所甚至還提供 100 萬美元，懸賞能展現這些方程

圖 7.1   果蠅轉向遠離侵入物體的多重曝光成像，每張圖像之間約相隔五次振翅。果蠅藉由微調振翅模式，以在數次振翅的時間內改變方向。果蠅的身體本來就不穩定，要維持穩定飛行，就得透過不斷感測與修正飛行的錯誤，來改變每次的振翅模式。（圖片由弗洛里安・穆伊赫斯 (Florian Muijres) 提供。）

式確實存在且具唯一性的證明。最後，王崢選擇使用電腦來求
得納維爾－史托克斯方程式的近似解，以預測翅膀尖端周圍的
流體運動。由於翅膀尖端十分銳利，必須將它周遭的空間分割
成許多非常小的區塊，才能準確地模擬流體運動。但對當時的
電腦來說，要處理大量區塊是個很大的挑戰。

　　為釐清翅膀尖端的流體運動，王崢採取的策略是在二維空
間中研究翅膀。假如她的電腦只能解析 100 萬個點，她用二維
分析就能獲得邊長為 1,000 點的平面解析度，比三維分析的解析
度高出 10 倍以上，因為如果採用三維運算，電腦的解析度就會
侷限在邊長為 100 點的立方體區塊。要以二維還是三維空間來
進行研究，總是有兩個不同派系的看法，二維這一派相信以理
想狀態為基礎的洞見與直覺，而三維這一派則相信要有絕對的
準確性。在 1998 年聖誕節前夕，她把寫好的電腦程式碼交由紐
約大學的超級電腦 NESCE 來求解，運算結果出來時，她很開心
得知她的程式碼能產生渦旋從翅膀剝離的結果，這是昆蟲飛行
實驗的里程碑。

　　在接下來十年，王崢繼續使用她的電腦程式碼解出各式各
樣和昆蟲飛行有關的複雜流動型態。昆蟲在空中移動翅膀時，
會畫出八字形，產生類似撲克牌從空中飄落翻滾時所製造的氣
流。在這段期間，她找來對昆蟲飛行感興趣的實驗學家同事
伊太‧柯恩 (Itai Cohen) 與他的研究生萊夫‧黎斯特洛夫 (Leif
Ristroph)。他們集結自己的專業，一起研究昆蟲的自由飛行，這
有別於當時的主流研究方式——將昆蟲繫在金屬絲線上進行實

驗。萊夫是個高大的德州人，也是實驗室的奇才，他負責執行實驗，而王崢的團隊則負責設計追蹤軟體，來擷取翅膀和身體的動作，並分析實驗結果。

　　昆蟲飛行長久以來是個很不容易研究的主題，因為要追蹤移動快速的昆蟲很困難。當昆蟲飛過一個房間時，牠的翅膀每秒鐘可拍動數百次，攝影機或許能捕捉到昆蟲的飛行路徑，但卻無法清楚拍到牠振翅的動作。為了解決這個問題，萊夫使用壓克力幫果蠅做了一個長約 30 公分的體育館，把將近 100 隻果蠅放在裡面。果蠅在盒子裡飛行時，同時有三架高速攝影機錄下牠們自由飛行的動作，攝影機的解析度夠高，可以清楚看見果蠅翅膀和身體的位置與角度。王崢認為，萊夫的實驗有助於回答關於昆蟲飛行的穩定性與操控性的問題，這些都是昆蟲飛行領域中還所知甚少的課題。

　　乍看之下，一架飛機最重要的飛行裝置似乎就是機翼了。但若真的如此，飛行工具應該在 1904 年之前就被發明了。萊特兄弟 (Wright Brothers) 對飛行做出的最大貢獻並不是機翼的設計，因為當時人們對機翼已經十分了解；事實上，他們最大的貢獻在於飛機的操控。他們的飛機擁有可撓性機翼以及無數個獨立的襟翼、方向舵和副翼，他們學著同時移動這些裝置，才能成功操控飛機。萊特兄弟開飛機時必須不斷調整每一個襟翼，才能讓飛機持續在空中飛行，因此除了他們之外的任何人都很難駕駛這架飛機。在接下來的十年中，因為有了可以感測飛機行進方向並跟著調整襟翼的陀螺儀等自動穩定裝置的出現，長

途飛行才成為可能。

　　果蠅的翅膀後方有一對退化的迷你翅膀，稱作「平衡棍」。果蠅在空中飛行時，會同時拍動翅膀和平衡棍，翅膀能夠使果蠅往前進，而平衡棍則像陀螺儀般，讓果蠅能感測到自身的旋轉。昆蟲即使轉動身體，牠的平衡棍仍有慣性，會記得原本行進的方向，縱然支持它們的身體轉動了，但平衡棍仍會繼續在同一個平面上振動。此外，平衡棍的基部有精細的感測器，能量測到昆蟲旋轉時平衡棍所承受到的力。這些感測器非常精細，所以只要平衡棍繼續拍動，昆蟲就能測出在三個軸向──俯仰、滾轉與偏航──上的旋轉變化速率。

　　為了測試這些平衡棍的功效，萊夫把 1 毫米的鐵絲黏在果蠅的背上，並用磁鐵來吸引鐵絲，使果蠅的身體短暫平轉 30 度角。他的團隊把這個平轉動作取名為空中「踉蹌」，因為果蠅就好像一時失足，被短暫推離了原先的路徑般。他們發現，果蠅在三次振翅的時間內就能修正路線，回到原本的路徑；偏離愈多，果蠅就需要愈多時間來修正。為了分析飛行的動作，研究人員必須準確追蹤翅膀和身體的角度。王崝的學生戈登・柏曼 (Gordon Berman) 使用一個電腦視覺的演算法來自動追蹤翅膀和身體的動作。接著，王崝和她的學生亞提拉・貝爾古 (Attila Bergou) 運用王崝的飛行空氣動力學專長，用電腦建立了一個果蠅模型，並把萊夫測得的翅膀動作也加進電腦模型中。

　　王崝進一步研發她的電腦模型，使之可以六個自由度來模擬飛行動作，基本上，就是果蠅進行旋轉或移動的所有可能。

她用電腦模型測試不同的回饋控制迴路，來模仿昆蟲的神經回饋電路，尤其對昆蟲的反應時間特別感興趣，也就是其回饋電路的時間尺度。怪的是，電腦模型顯示，果蠅在靜止的空氣中也無法飛行。她看著電腦果蠅努力在半空中懸停，像划船一樣來回擺動翅膀，往上和往下的動作都能產生升力，然而，當果蠅一邊擺翅，身體卻同時開始像翹翹板般左右搖擺。由於翅膀與身體相連，身體的這個動作便回饋給翅膀，因而改變了翅膀在空中擺動的角度，進而改變升力產生的方向。果蠅開始慢慢往下墜，失去了控制，就像一張掉落的紙。她的模擬顯示，果蠅需要回饋機制，就像飛機需要駕駛員一樣。

王崢的電腦模擬顯示，平衡棍所提供的回饋對果蠅的飛行是絕對必要的。問題是平衡棍仍需要時間才能發揮功用：果蠅的平衡棍蒐集到資訊後，必須將資訊傳送到翅膀的肌肉。翅膀的肌肉有兩種，大型肌肉負責拍動翅膀，較小型的操縱肌肉則可以在必要時快速進行微調。果蠅的反應時間受制於平衡棍和眼睛感測的時間，以及操縱肌肉進行收縮的時間。王崢和學生進行電腦模擬後發現，電腦模擬的果蠅感測周遭環境的頻率必須夠高，才有辦法維持飛行，如果感測的頻率太低，果蠅會在拍動幾下翅膀後偏離路徑而墜落。比較恰當的感測時間間隔是，每振翅一次，就進行一次感測，這樣的感測頻率很高，因為果蠅每秒鐘就能振翅 200 下。在人類眨一下眼的時間內，果蠅可以拍動翅膀 60 次，如果沒有像這樣每振翅一次就感測一次，牠早就發生傾斜、失去控制了。

　　你或許會認為，飛行本來就很不容易，因為有太多的自由度了，果蠅可以俯仰、滾轉、偏航，在這三軸的任一軸進行旋轉。或許，飛行需要極大量來自周遭環境的回饋資訊是可以理解的事情，然而，在地面上的動物也有操控運動的需要。

　　廚房餐桌底下的一隻蟑螂正在吃餅乾時，忽然感覺到腳步聲，當腳步逐漸靠近，牠開始往廚房的牆壁前進，依靠牠那又長又細的觸角在黑暗中引導自己。其中一隻觸角擦過餐桌桌腳，使牠輕鬆避開。腳步愈來愈近了，蟑螂開始驚慌，把速度加快到相當於人類每小時 160 公里的速度。靠近廚房牆壁時，其中一隻觸角因為接觸牆壁而彎折，暗示碰撞即將發生，蟑螂急速轉彎，沿著牆壁跑，依然是以全速前進。牠一邊跑，粗糙的牆面一邊把觸角尖端往後拖，使觸角變成 J 形。當蟑螂跑到牆角時，牠又再度轉向，全速轉彎的姿態就像一名印第賽車車手。

　　為了探究蟑螂為何能在黑暗中如此快速地移動，約翰·霍普金斯大學的工程學家諾亞·考恩 (Noah Cowan) 打算給蟑螂的觸角進行逆向工程。諾亞是控制系統的專家，會使用他從中學就開始玩的輕量雜耍棒來進行示範，他可以把一根雜耍棒放在鼻尖上進行平衡，永遠不會掉下來，這項特技便是回饋機制的結果。雜耍棒要保持平衡，必須靠諾亞不斷用眼睛評估棒子的晃動，並跟著前後移動，以抵消棒子的動作。蟑螂採取類似的策略，牠使用觸角來評估牆壁距離自己多遠，接著來回轉向，好與牆壁保持同樣的距離。

　　諾亞最初開始研究蟑螂，是多年前在加利福尼亞大學柏克萊分校的鮑勃·弗爾實驗室當博士後研究員的時候。諾亞剛進這個實驗室時，被要求把手伸進一個裝滿數十隻蟑螂的水族箱裡，抓一隻出來做實驗。他小心翼翼地把戴著手套的手伸進箱內，當手碰到底部時，一隻蟑螂衝上他的手臂，爬到肩膀，諾亞發出尖叫，瘋狂揮舞手臂，把蟑螂甩到空中，蟑螂開始拍動翅膀，奇蹟似地飛回地面。諾亞冷靜下來之後，開始練習抓蟑螂，最後學會了如何抓牢蟑螂，使牠逃不了。

　　他觀察在箱內移動的蟑螂，發現牠們喜歡靠著牆走，而當牠們這麼做時，便仰賴觸角（圖 7.2）。蟑螂的觸角跟身體一樣長，每根觸角的基部有個可旋轉的接合點，蟑螂以此來轉動觸角，好似盲人使用兩根白色手杖尋找障礙物般。這個尋找的動作在蟑螂碰到牆壁時就會改變，本來揮來揮去的觸角不再動作，而是水平地往前伸，跟身體中線的夾角為 45 度。觸角的這個姿勢顯然可以幫助蟑螂找出轉角處和牆壁的其他變化，但直到近年，學界才開始了解牠們是如何做到這點的。

　　為了深入了解蟑螂是如何轉彎的，諾亞和他的第一個博士生余書克·李 (Jusuk Lee) 一起合作，建造一個宛如印第 500 的賽車道給蟑螂。印第賽車起跑後，會遇到「第一彎」，也就是在一條筆直道路盡頭會出現的 90 度急轉彎，道路內側和外側的路緣高起，以保護前來的車輛。賽車會以每小時 320 公里的速度過彎，絲毫不減速。在諾亞和余書克的賽車道上，蟑螂每秒鐘可以前進 25 倍的體長，相當於車子以每小時 450 公里的速度

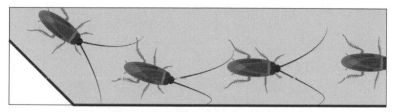

圖 7.2　蟑螂在黑暗中全速奔跑時的多重曝光成像，每張圖像之間約間隔兩步。蟑螂將兩根觸角往前伸，並根據一根觸角的變形程度來判斷自己跟牆壁之間的距離。回饋機制可以感測觸角的變形程度，使得蟑螂不會撞牆，也不會偏離牆面太遠。（圖片改編自諾亞‧考恩的原圖。）

前進。諾亞用修正液蓋住蟑螂的眼睛，確保牠只能使用觸角來導航，接著，他放開蟑螂，蟑螂起跑。他在轉彎處外側放了一面木牆，讓蟑螂可以用一根觸角追蹤牆面，他看著蟑螂沿著牆壁跑，由於蟑螂看不見，所以接近牆壁時就沒有減速。

　　從蟑螂奔跑的速度來看，蟑螂只有 1/25 秒的時間可以察覺到轉角並進行轉彎，否則就有可能撞牆。他拍攝蟑螂試圖轉 90 度大彎以及轉 40 度和 30 度小彎的動作。結果，轉 90 度大彎對蟑螂來說太困難了，牠不是直接撞上牆，就是爬上牆面；然而，若為較緩和的 30 度和 40 度彎時，蟑螂便能輕鬆轉過去。當觸角一感覺到有轉彎，蟑螂的整個身體便開始跟著轉，諾亞和余書克決定聚焦在分析小幅度過彎的蟑螂。

　　余書克使用一個冷板來冷卻蟑螂，使牠陷入沉睡，接著，他在蟑螂背上塗了兩個點，一個在頭部、一個在尾部，只要追蹤這些點，他們就能計算出蟑螂身體的角度及其與牆壁的距離。有了這些數據，他們可以估計出蟑螂能多快偵測到轉彎處，還

有更重要的是，能釐清蟑螂是如何微妙地修正方向——也就是蟑螂的修正動態。

蟑螂的神經回饋有如汽車的定速巡航，是複雜精密的回饋系統。這類回饋系統不只是像膝跳反射那樣，僅會針對某個外在刺激做出反應，而是可以為身體設立一個目標狀態，讓身體維持穩定。汽車在高速公路上行駛時，定速巡航可以測得車輛行進的速度，以及速度改變的速率，使用這兩個數據，就能夠讓車速恢復到目標狀態。同樣地，蟑螂會估測自己與牆壁的距離，以及此距離的改變速率，在奔跑時，蟑螂會需要這兩個數據才能保持穩定。與牆壁的距離是用在「比例控制」(proportional control) 上，也就是蟑螂會根據所測得的距離，按比例來調整速度；距離改變的速率是用在「微分控制」(derivative control) 上，亦即調整移動的速度，以因應與牆壁的距離改變速率（亦即導數）。為什麼有必要同時進行比例控制和微分控制？

想想當你要開上車道、進入車庫的時候，假設你按照與車庫間的距離成比例地踩油門，你肯定可以開到車庫前，但抵達車庫時也已經有速度，因此你可能會一頭撞進車庫。這就顯示，你不能只注意自己的位置，還得注意自己的速度，才能控制好油門，而這就需要微分控制器。微分控制器會告訴你，你接近車庫的速度是否太快了，如果是，控制器會要車子開始放慢速度。比例控制器和微分控制器必須攜手合作，車子才能恰恰好停在車庫裡。同樣地，蟑螂碰到轉彎時能維持自己與牆壁的距離，卻不會離牆壁太遠。

現在，諾亞有自信已經明白神經回饋機制的運作方式，於是他開始研究觸角和牆壁之間的物理性交互作用。對大多數的機器人設計來說，會忽略這第二個部分，因為多數的機器人都被設計成要避免與障礙物產生互動，它們靠橡膠輪胎在亞麻地板上滾動，使用感測裝置來避免與周遭的任何事物接觸。有些機器人還有很陽春的「碰撞」感測裝置，會告訴機器人停下來並改變方向，這行為跟蟑螂比起來是相對粗糙的。但在大自然裡，當動物在野外移動時，周遭時常會有大量的障礙物，如果真的要給蟑螂的觸角進行逆向工程，諾亞的團隊就非得了解觸角與牆壁之間的物理交互作用不可。

諾亞的學生觀察到一個關鍵重點，成為他進行逆向工程的起點。余書克發現，蟑螂並非能沿著所有類型的牆壁行進。進行實驗時，他們先是使用光滑的壓克力牆壁，發現蟑螂觸角與這種牆面之間的交互作用很不穩定，很容易就打滑，無法呈現理想的 J 形，而是直挺挺的，導致蟑螂喪失觸覺功能。觸角沒有彎曲，觸覺感測器就無法判定觸角的位置，很快地，蟑螂不是整個身體撞上牆壁，就是完全不再接觸牆面，只好瘋狂亂跑，試圖再找到牆壁。結論是，蟑螂沿著壓克力牆壁移動時很笨拙，唯有靠撞到牆才找得到牆。另一方面，蟑螂可以輕易沿著粗糙的纖維板移動，因為這種牆面跟蟑螂在自然環境中會碰到的粗糙障礙物相似，例如樹皮。沿著纖維板移動時，蟑螂觸角馬上就從筆直的形狀拗成 J 形。蟑螂往前跑時，觸角的倒鉤會勾住牆面，因此諾亞推測，牆面的粗糙度和觸角形成 J 形大有關係。

　　為了更進一步探究這個想法，諾亞請教以前的博士後指導教授鮑勃・弗爾，想知道他的實驗室能否協助「剃掉」蟑螂觸角上的小毛刺。鮑勃的博士生尚・蒙吉 (Jean Mongeau) 接下了這個挑戰。觸角的小刺就像貓舌頭一樣——往後朝嘴巴摸貓舌的時候，感覺是平滑的，但往舌尖的方向摸時卻是粗糙的。觸角的小刺有如小倒鉤，因此諾亞直覺認為這些刺正是觸角這麼輕易就能勾住牆面的原因。尚使用雷射成功幫觸角剃了毛，而且保持中央主幹完好無缺。少了這些毛刺，蟑螂的觸角碰到任何表面都會打滑，無法呈現 J 形，讓蟑螂就跟瞎了一樣。觸角剃了毛，就彷彿汽車的橡膠輪胎被替換成光滑而無任何抓地力的玻璃輪胎一般。

　　關於蟑螂觸角的新發現給了諾亞的團隊很大的啟發，在他的博士生亞力坎・德米爾 (Alican Demir) 的率領下，團隊開始研發裝設觸角的輪型機器人，盼能用於災難急救現場，穿梭在電子照明系統失靈的建築物之間。機器人的底座是一個長得像曳引機的三輪機器，可在市面上購得，用來測試新的機器人控制演算法。第一版的可撓性觸角是用胺甲酸乙酯 (urethane) 塑膠鑄成的，共有四個感測器來感應彎曲。他們很驚訝地發現這個觸角的成效很差，觸角如果太硬，碰到牆壁時就不會彎曲，如果太軟，觸角就會彎到機器人身後，像毯子一樣拖著，無法探測前方的路。

　　諾亞又再回去仔細觀察蟑螂的觸角，只消指尖一碰，他就能使觸角彎曲。因為蟑螂的觸角很長，只要施加一點點力就能

令它彎曲，但機器人的觸角不適合做成這樣的長度，因為增加
感測器數量會提高成本。不過，觸角形狀倒是可以模仿，蟑螂
觸角並不像圓柱體那樣粗細一致，而是像個非常細長的圓錐，
往頂端的方向漸漸變細。觸角的底座寬，因此較為硬挺，而頂
端的部分較細，則容易彎曲。故圓錐形的觸角形變時，會在靠
近頂部的地方彎曲；若觸角是圓柱形的，彎曲處會比較接近底
部。在頂端處彎曲的好處是，觸角可以碰到前方遠處的東西，
因此蟑螂有如拿著探照燈，能感應前方區域，並有足夠的時間
調整動向。於是，他們使用新模型來鑄造一個類似的圓錐形觸
角，大大改善了機器人的表現。新觸角太有效了，乃至於即使
減少感測器的數量，它仍能維持相同的表現。

　　自從諾亞的團隊研發出這款機器人後，其他研究者也持
續研究如何使用長絲線來感測環境，亦即所謂的「主動觸測」
(active tactile approach)。要了解其他動物的觸鬚具有何種回饋迴
路機制，還需要更多努力，例如老鼠，甚或是在水中使用鬍鬚
的海豹。動物似乎很常使用這種細長的絲狀構造，它能在各式
各樣的環境中被使用的特性，也啟發下一代觸碰感測器的設計，
有助改善機器人在雜亂環境中的導航能力。

　　感測對動物運動很重要，因為能幫助動物應付難以預測的地
形。動物運動還有一個同等重要的面向，那就是模式的維持——
如何維持重複的步伐或擺尾，這就得靠位於脊髓的「中樞模式發
生器」(central pattern generator, CPG) 了。想了解脊髓運作的方式，
我們就得倒轉數百萬年，看看地球上最原始的動物之一：七鰓鰻。

荷蘭籍的機器人學教授歐克・艾史皮爾特 (Auke Ijspeert) 正坐在一盤熱騰騰的燉煮七鰓鰻前，每一片的大小都跟一片鰻魚差不多。這盤七鰓鰻先是被燙過以去除黏液，接著在自己的血水中燉煮了兩天又四小時，現在則佐以波爾多葡萄酒和燭光。歐克身穿紅黑相間的修士袍，和其他二十位同樣穿著長袍的匿名人士一起坐在餐桌邊。這就是法國聖泰爾舉辦多年的七鰓鰻兄弟會入會儀式。許多生物學家都告訴歐克，想要真正了解七鰓鰻，他就必須從裡到外徹底認識這種生物。

　　歐克自從在愛丁堡大學完成有關七鰓鰻模擬的博士論文之後，便持續研究七鰓鰻，已經將近十年。歐克在進行博士論文研究時，使用電腦模擬來了解七鰓鰻如何靠很小的腦運動。七鰓鰻是悠遊深海的吸血鬼，已經生存五億五千萬年，幾乎沒有改變過。成年的海七鰓鰻可以長到 1.2 公尺長、1～1.4 公斤重，身體又長、又黑、又滑溜，身體一端為喇叭狀的寬尾，可協助游泳，另一端看起來好似被斬首般，應該是頭部的地方卻是一個紅紅的吸附器，長滿呈同心圓排列的白色小齒，用來吸附在海洋生物身上，吸牠們的血。

　　歐克一邊思索著七鰓鰻的生活型態，一邊慢慢咬下七鰓鰻的肉。七鰓鰻吃起來帶有土味，不像一般的肉或魚，口感則像干貝。由於七鰓鰻出現的時間比現代魚類早，因此被認定為原始類群，而對尋求簡單化的科學家來說，這是一件好事。七鰓鰻是神

經生物學研究的模式生物之一，神經生物學是門探究大腦如何使身體移動的學科。七鰓鰻是看不見的大腦世界，以及看得見的身體運動世界之間的連結。本書目前為止討論的都是動物和體外世界的交互作用，但是，動物要如何動腦才能移動呢？

　　歐克念博士班時，因為讀到 1996 年《科學人》一篇關於七鰓鰻神經網絡的文章，而深受七鰓鰻吸引。那篇文章的作者是瑞典卡羅琳醫學院的神經生理學家史坦·葛利勒 (Sten Grillner)，他也是七鰓鰻兄弟會的成員之一，自 1970 年代以來，致力於讓全世界注意到七鰓鰻作為神經科學模式生物的潛能。為了使人們了解大腦如何協調動作，史坦把七鰓鰻比作福特 T 型車。若將人腦視為法拉利，七鰓鰻的大腦則是擁有人腦的所有基本配件，而且因為每種類型的神經細胞在數量上都比人腦的少許多，因此比較容易分析。史坦和電腦科學家合作，寫出可模擬七鰓鰻大腦的程式，這使歐克對他的研究更感興趣。歐克仔細研讀史坦的文章，兩人也會在研討會上碰面，只是歐克是在愛丁堡進行模擬，而史坦則是在斯德哥爾摩做七鰓鰻的實驗。

　　史坦是少數幾位能給活生生的七鰓鰻進行脊髓量測的神經生理學家之一。整個程序的第一步，就是向當地的繁殖業者購買一隻七鰓鰻。七鰓鰻被放在保麗龍箱子裡送來，瘋狂扭來扭去，吸住箱子內壁想吸血。史坦在小冷藏箱裡加了一小匙 MS-222 白色粉末，不過幾分鐘，七鰓鰻便陷入深沉的麻醉狀態。他將整條七鰓鰻置於冰上，好讓牠撐過接下來要進行的手術。他沿著七鰓鰻的身體劃了一道切口，露出幾近透明的脊髓，脊髓

的深度僅 1/3 毫米，寬度則超過 1 毫米。接著，他沿著裸露的脊髓放置電極，來記錄神經元的活動。他可以誘發脊髓裡負責產生運動動作的神經細胞網絡的活動，進而推論這精密的網絡是如何運作的。

　　當史坦在斯德哥爾摩進行七鰓鰻活體實驗時，在愛丁堡的歐克則坐在電腦桌前，努力建構七鰓鰻脊髓的電腦模型。他的電腦模型和七鰓鰻的脊髓一樣，是由數以千計的神經細胞所組成，細胞各自獨立的話，顯然是不具備任何智能。然而，若把這些細胞湊在一起，智能就出現了。他知道活七鰓鰻的細胞會相互協調，創造出「行進波」(traveling wave)，如七鰓鰻游泳時所出現的擺動動作所示。這些細胞可以做到這點，是因為它們組成一個個「中樞模式發生器」。每一個中樞模式發生器就像一個小時鐘，會發出滴滴答答的運作信號，來管理不同活動的速率。時鐘彼此之間的交互作用會產生一波波的活動訊號，讓我們的腳能走動、手能擺動、肺部可以呼吸，所有的動作都能同時發生，完全不用經過思考。

　　中樞模式發生器網絡產生波的方式跟美式足球比賽觀眾創造波浪舞的方式十分雷同。1981 年，職業啦啦隊長「瘋子」喬治・韓德森 (Krazy George Henderson) 意外發明了波浪舞，他原本是希望讓球場一邊的觀眾先跳起來歡呼，然後另一邊才跟著仿效，換言之，他試圖讓球場的兩邊產生振盪。當他示意某一區跳起來，結果發現比較遠的區域並沒有收到指示，所以出現了一點時間差，他們過了幾秒才跳起來，而旁邊的觀眾跟著仿

效，因此也晚了幾秒，動作就這樣如波浪般自發繞行球場一圈。波浪舞首次被錄了下來，之後變成韓德森的招牌套路。波浪舞告訴我們，倘若涉及的個體數量很大，帶有小誤差的振盪自然會形成波。

　　神經振盪器是最簡單的中樞模式發生器。我們先不去想一整個球場的觀眾，只要想兩個坐在沙發上看比賽的美式足球迷就好。右邊的球迷先站起來，坐下時，左邊的球迷才站起來，他們看到對方做出動作後，以最快的速度反應，光是這樣就能導致波的傳遞，以穩定的速度來回移動著。這兩位球迷就是一種振盪器，猶如閃爍的光；而在脊髓中，振盪器指的則是一種神經元系統，會自發產生不斷重複、具固定週期與振幅的波動模式。以美式足球迷的例子來說，球迷的體型大小如果一樣，就會是最規律的振盪器，此時，振盪器的週期即是一個人站起來又坐下所花費的時間，大約數秒鐘。假如球迷坐在比較深的皮椅上，週期可能會長一點；振盪器的振幅則是一個人坐著和站著的高度差。

　　歐克的電腦模型不是第一個模擬七鰓鰻中樞模式發生器的模型，但它確實是首度結合真實七鰓鰻中樞模式發生器行為的案例。七鰓鰻的脊髓由 100 個中樞模式發生器所組成，排列方式有如飛機上兩兩成對的乘客，每一對中樞模式發生器都會產生振盪，如同客廳那兩位足球迷般發出自己的訊號，每對發生器同時也會接收前後乘客的訊號，就像波動一樣。一旦大腦下了開始的指令，振盪器就會產生波，一路沿著脊髓傳遞下去。波的行進速度端視中樞模式發生器被活化、以及處理鄰近發生

器傳來的訊號有多快而定。歐克打算將每一個發生器的行為進行程式編碼，希望這麼做就能自然產生行進波。

　　在斯德哥爾摩這端，史坦已將電極植入七鰓鰻脊髓的不同部位，以進行「監聽」。他測到一波波沿著脊髓傳遞的規律活動訊號，也就是神經生理學家所說的「假想游泳」(fictive swimming) 現象，彷彿七鰓鰻正在睡夢中游泳，由於肌肉處於麻醉狀態，七鰓鰻並沒辦法真的移動身體。脊髓的行為是自發產生的，即便移除七鰓鰻的大腦，也還是會發生。史坦測量了中樞模式發生器受鄰近發生器的頻率與振幅影響而自我調整的程度。

　　當歐克將這些參數輸入電腦程式，發現他的數位七鰓鰻會自發產生行進波，這就表示，七鰓鰻的脊髓確實一直都在想著游泳的動作，只是因為大腦傳遞抑制訊號，所以七鰓鰻才沒有真的開始游起泳來。歐克也為數位七鰓鰻周遭的流體動力編了碼，發現數位七鰓鰻游泳時的振幅也跟活生生的七鰓鰻很相近。

　　歐克博士班畢業，也完成博士後研究工作之後，便到瑞士洛桑聯邦理工學院擔任助理教授，繼續研究七鰓鰻，並開始使用實體模型——也就是機器人——來測試自己的數位模擬。他憑著七鰓鰻給他的靈感，設計了一款「兩棲機器人」(Amphibot)。這個機器人是由 10 個方形模組構成，共同操控在七鰓鰻體內找到的 100 個中樞模式發生器，每一個模組都被黃色塑膠殼包覆著，裡面有一個小馬達，可以跟著鄰近模組調整自己的角度。馬達相當於七鰓鰻的肌肉，這點與其他機器人類似，但這款機器人的大腦卻完全不同，它的每個模組都安置了電腦，會做出

和中樞模式發生器一樣的行為，產生振盪訊號，並回應隔壁模組的訊號。這些中樞模式發生器的參數取自七鰓鰻的神經紀錄實驗結果，因此我們可以說，這款機器人內建了七鰓鰻的脊髓。

　　基於這樣的設計，兩棲機器人大部分的身體部位都沒有與大腦（即機器人的前導模組）直接聯繫，這種分離狀況大大簡化了對機器人的控制。請留意，像蛇一樣的長形機器人在設計上大多是不採用中樞模式發生器的，也就是說，機器人的大腦就得完全控制這 10 個黃色塑膠模組。然而，有了中樞模式發生器，大腦就只要有個控制桿，好比汽車的手排檔，用來控制第一個模組，在低速檔時，七鰓鰻會慢慢游，悠哉地晃動尾巴；而當檔速愈來愈高時，波往尾巴傳遞的頻率就會增加，使兩棲機器人在水花四濺中全速前進。機器人所做出的行為和歐克的電腦模擬以及史坦所記錄到的七鰓鰻神經活動一樣，在這些例子中，以高頻率來刺激大腦都能導致更快的泳速。

　　用機器人來模擬七鰓鰻也帶來電腦模擬所沒能找到的新發現。使用電腦測試各種不同的條件非常耗時，但若是使用機器人，在不同環境下進行測試卻變得像在玩樂。歐克先是把機器人扭成各種形狀，有如皺巴巴的衣服或襪子般，結果，無論機器人的身軀最初呈現什麼構型，都能很快回復到行進波的狀態。舉例來說，假如兩棲機器人捲成螺旋狀躲在石頭後方，它還是能輕易甦醒、游起泳來，不需要被下達指令。試想糾結成團的耳機線，只要靠它各部位的扭動，結就會消失了。在我們的世界裡，我們習慣從上而下思考，所以我們會去找耳機線的兩頭，

慢慢繞過打結的地方，直到線整個解開。但如果耳機線的每個
部位都有自己的振盪器，無論是打結或其他構型，都能輕易地
解開。有了中樞模式發生器，初始狀態或條件便不再重要。

　　當歐克把機器人放進小泳池裡，它會持續不斷地游泳。這
個機器人能抵抗對身體任何部位的擾動，如果撞上牆壁，行進
波會暫時被打亂，但很快地機器人就會彈離牆面而游開。這跟你
跑步時被石頭絆到的情況很像，一開始可能會踉蹌個幾步，但是
中樞模式發生器會自然地幫你回復到原來的步態，你不須刻意去
做。同樣地，由於機器人的中樞模式發生器會自發地產生訊號，
大腦便毋須下達命令來重新產生波動模式，因此，中樞模式發生
器的自主特性使機器人可以不經思考便恢復游泳狀態。

　　當今的機器人並不使用中樞模式發生器，而是擁有一個中
央大腦，來將指令送達身體各部位，這個大腦通常是由電腦處
理器所組成，不一定位於頭部。總之，大腦負責主導，而身體
其他部位則跟著指令做，假如大腦受了傷（例如被砍頭），機
器人就會停止走路。相形之下，有著像七鰓鰻體內散布的模式
發生器，便使它非常穩健，沒有任何一個模組是產生運動不可
或缺的要素。許多脊椎動物都使用中樞模式發生器。1940 年代，
有一隻雞本來要被殺來當晚餐，結果斧頭沒砍正，雞的頭雖然
被砍了，但腦幹還留著，後來這隻人稱無頭麥克的雞就這樣照
常走路、拍動自己的翅膀，持續了數個月。這是因為雞的中樞
模式發生器非常穩健，所以即使少了雙眼，發生器還是能繼續
下達指令讓牠走路。

歐克很滿意兩棲機器人在深水裡的表現，但他發現兩棲機器人在淺水的地方移動得很吃力，而且無法上岸，因此，他的下一項挑戰就是要讓兩棲機器人變得更「兩棲」。他領悟到，機器人所面臨的挑戰，如同三億五千萬年前泥盆紀晚期的脊椎動物，要從水域移居到陸地時所面臨的困境一樣。

最先上陸的大型動物是四足動物，牠們後來演化成我們今天所熟知的兩生類動物，如青蛙、蟾蜍與蠑螈。為了在陸地上走路，蠑螈演化出幾乎可謂滑稽的四條腿，跟臘腸犬的腿一樣短短的，但是並非往身體下方長，而是向側面伸出去，猶如有著 90 度彎角的水管，看起來就像是最後一刻才裝上去的構造。

歐克給七鰓鰻機器人加裝了這些腳，稱作「輪腳」(whegs)。輪腳長得就像車輪的一根輪輻，是由旋轉馬達所驅動，但同時也像腳一樣，會規律地與地面接觸，以跨過小型障礙物。為了賦予機器人生命，他得決定好中樞模式發生器的耦合參數，這次，參數取自有著紅色眼睛的歐非肋突螈 (*Pleurodeles waltl*) 這種蠑螈。這些蠑螈是法國波爾多大學的神經科學家讓－馬里・卡貝古昂 (Jean-Marie Cabelguen) 所飼養的，他也是七鰓鰻兄弟會的成員。蠑螈的身體和七鰓鰻一樣細細長長的，意謂歐克只要簡單修改七鰓鰻機器人，就能適用。事實上，蠑螈在水中游泳的姿勢看起來幾乎跟七鰓鰻一模一樣，牠們會把腿收在身體側邊，並將身體扭動形成波浪狀，來推動身後的水。

　　讓－馬里研究的蠑螈和手掌差不多長。首先，他觀察蠑螈在陸上和在水中的運動方式。在陸地上，蠑螈的步態很悠閒，身體每秒鐘扭動一個循環，但一進到水裡，扭動的頻度就會加倍，除此之外，牠所形成的波的形狀也會從行進波轉變成為「駐波」(standing wave)。

　　使用跳繩時，就會形成駐波。跳繩的兩端為「節點」(node)，亦即保持不動的點，節點之間的點會以不同的程度起落，繩子中央的移動範圍即是波的振幅。蠑螈的身體有兩個固定的節點，也就是肩膀和髖部的位置，而位於這兩點之間的脊椎則會進行側向振盪。此外，蠑螈會隨著身體擺動的節奏踏腳。

　　為了解蠑螈的身體和腿是如何產生協調的，讓－馬里將蠑螈麻醉，切開脊椎和腿部，以便觀察神經。他在這兩個部位都觀察到神經振盪的現象，腿部中樞模式發生器的固有頻率是脊椎中樞模式發生器的一半，此外，當腿部和脊椎相連時，兩者間的強大耦合創造出一種駐波模式，跟蠑螈的身體在游泳時所形成的動作一樣。

　　接著，讓－馬里把電極接上腦幹。他使用訊號產生器，模仿大腦將訊號沿著脊椎傳下去。當刺激的頻率較低時，電極的刺激能讓蠑螈產生走路的步態。由於腿部中樞模式發生器的固有神經頻率比脊椎低得多，因此只要增加刺激的頻率或強度，便能輕易使其作用達到飽和。當刺激的頻率一變高，蠑螈就會開始進行假想游泳。活生生的蠑螈也有類似的行為：在陸地上，蠑螈可以只用走的，但你若開始追牠，牠會提高腿部踩踏的頻

率，奔跑起來。你若抓住牠的身體，牠便會開始慌，大幅提升擺腿的頻率，以致腿部的中樞模式發生器作用達到飽和。接著，牠的身體會產生駐波，試圖藉由扭動來掙脫。

　　歐克將蠑螈中樞模式發生器的固有頻率寫進機器人的程式中（圖 7.3），他可以提高對中樞模式發生器的驅動程度，讓機器人從走路的動作自發轉換成游泳的動作，彷彿機器人的動作控制機制被簡化成手排檔，低速檔就是以低步頻來走路，中速檔就是以高步頻來走路，若再提高檔速，機器人就會從走路轉換成游泳了。

　　動作的轉換並不是瞬間發生的，而是需要大約半個週期的重新同步化，在這短暫的過程中，機器人會以半走路、半游泳的方式移動，讓中樞模式發生器察覺轉變，藉此重新同步化。只要中樞模式發生器可以彼此互傳訊號，並有足夠的時間，就可以同步化。這個現象長久以來廣為人知，但因荷蘭科學家克里斯蒂安‧惠更斯 (Christiaan Huygens) 發明了擺鐘，使其更為出名。如果牆上掛了兩個擺鐘，各自發出的輕微振動都會傳過牆面，促使兩個擺鐘逐漸同步，這是古董店裡的時鐘之所以能一致發出聲響的原因之一。

　　過去從來沒有任何方法可以控制擁有眾多獨立移動部件（如脊椎和多隻腳）的機器人，而中樞模式發生器是個很有效的方式，但這還只是個開端。動物可以利用中樞模式發生器，從一個步態轉換到另一個很不同的步態。科學家已經證實，一隻大腦遭移除的鵝仍能藉由刺激腦幹來走路、跑步，最後甚至

圖 7.3　會游泳也會走路的機器蠑螈 (Salamandra robotica)。其運動控制機制簡化為只需調整大腦訊號的頻率，就能誘使機器人扭動身體游向岸邊，接著爬上陸地並走開。此機器人受中樞模式發生器所控制，這個由振盪器形成的網絡可自發產生電訊波，傳到機器人全身。機器人本身防水，配有八個馬達來扭動脊椎，以及四個馬達來分別讓四條腿做出轉動動作。（圖片由歐克‧艾史皮爾特提供。）

能展翅高飛。請記住，這些步態可是牽涉了從翅膀到腿部等全身各部位的獨立肌肉群，使用中樞模式發生器能夠迅速轉換不同的步態，對於被追獵的動物來說是很有用的。

　　歐克相信，在未來，設有中樞模式發生器的機器人會變得

更容易操控，自然的走路節奏可以被植入中樞模式發生器，而成
為這類機器人的預設步態，因此，大腦的一部分必須要能抑制運
動，就像脊椎動物那樣。各種運動行為毋須分別寫入程式，而是
能由中樞模式發生器自發產生，以機器蠑螈為例，無論身體的初
始構型為何，它都能做出走路的動作。腿部不再需要獨立的控制
器，只要藉由改變大腦的驅動頻率——亦即機器人的警覺狀態，
動作就能被開啟或關閉。訊號頻率低就表示處於放鬆的狀態，頻
率高就表示處於興奮或驚嚇的狀態，不同的狀態能致使機器人從
走路變成游泳。這個系統也非常穩固，這是現在的電腦系統辦不
到的，舉例來說，一旦軟體發生錯誤，電腦就可能卡住不動了，
由中樞模式發生器控制的系統就不會如此，也不會受到初始條件
或擾動所影響，因為它全身上下都有控制器，不易被駭。

　　神經系統使用中樞模式發生器來感應彼此、產生訊號。但
如果每個中樞模式發生器都長了腿，並能夠自行探索世界呢？
那就會像一個密集成群的大腦，當中的每個部分都能感應周遭
環境，做出適當反應，這就是群行動物的強大之處，例如鳥群、
魚群乃至於一整個菌落。我們將在下一章探討多數如何合一。

第八章

蟻群是流體還是固體？

　　美國陣亡將士紀念日假期過後的那個星期二，我接到隔壁教授的求救電話。他早上來到辦公室時，一如往常在書桌前坐下，他的腳碰到桌子底下某個像海綿一樣軟軟的東西，低頭一瞧，竟然看見一座約 30 公分高的迷你艾菲爾鐵塔，紅通通、氣鼓鼓的。原來，那是一群螞蟻疊成的高塔，而且還不是一般的螞蟻，是螯針帶有毒性的火蟻。這群火蟻怎麼有辦法逃出我的實驗室？

　　平常，火蟻都被關在我實驗室的塑膠桶子裡，這桶子對牠們的體型來說，相當於十層樓高，桶壁塗有液態鐵氟龍，因此猶如火蟻的惡魔島般，可說是難以逃脫的牢獄。然而，連續三

天的長假使火蟻有足夠的時間聚集十萬大軍，大舉遷移，牠們互相堆疊在彼此身上，建造一座攻城塔，以逃出桶子。牠們帶著蟲卵和幼蟲，釋放出化學氣味，好帶領蟻群在實驗檯間穿梭，並沿著櫃子側邊往下移動，接著穿越實驗室地板、鑽過緊閉的實驗室大門門縫，最後再鑽進隔壁教授的門。由於牠們的脫逃能力強大，我們每天都會檢查桶子，但就怕遇到三天連假，因為多年下來，我已成為生物系最令人厭惡的教授。

　　火蟻不只有能力逃出實驗室而已，多年前，牠們甚至逃出了整個大陸。火蟻源自巴西的潘特納爾溼地，此處地勢寬闊平坦。旱季時，火蟻會住在地道中，但在雨季時，潘特納爾有 80% 的地方淹水，導致許多動物必須逃到少部分依然乾燥的地區。火蟻也會撤退到乾燥地帶，牠們會將彼此的身體相連，宛如一條拼布被。火蟻的身體可以留住氣泡，使牠們能在水下無止盡地呼吸（圖 8.1），而牠們的腳則可以相互黏附，一個有十萬隻火蟻的群落可以形成約餐盤大小的筏子（附圖 10）。在淹水時，眾多蟻群互相連結，就像漂浮在水面上的紅色海藻。因為牠們擅於在天災中存活下來，因此得以散布到世界各地。在 1930 年代，火蟻不知用何種途徑來到美國──有可能是跟著一船盆栽一起在阿拉巴馬州的莫比爾港登陸。經過五十年，火蟻在美國占據了超過 930 萬平方公里的面積，是當初那十三個蟻群的 3 倍大。火蟻也侵入了歐洲、非洲、亞洲和澳洲，在靠近赤道的地區輕易建立起根據地。牠們通常是以無脊椎動物為食，但被逼急了的時候，也會捕食牲畜，因此每年都造成美國 7 億

5000 萬美金的損失。人類基本上不會受到傷害，但以往確實有安養院居民被爬上床鋪的火蟻給咬死的案例。

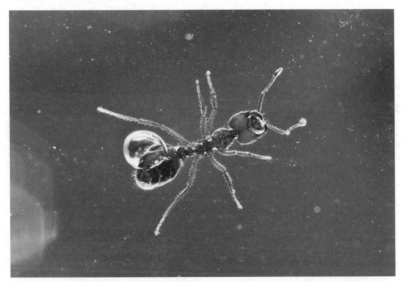

圖 8.1　一隻潛入水中的火蟻，其氣盾（由氣泡組成的假鰓）清晰可見。螞蟻的密度雖然比水大，但由於在體表帶了一層氣泡，因此得以浮起。當螞蟻透過表皮呼吸，氣泡內的氧氣便會愈來愈少，接著再藉由擴散作用，從周遭水中的溶氧來補充。耗氧的速率等於氧的擴散速率，使牠們能夠永久在水下呼吸。

　　雖然這些火蟻是新來的，但牠們肯定會繼續待下去。一隻一隻殺死牠們是不可能的，因為一個蟻群是由十萬隻以上的火蟻所組成，除非能找到負責生下後代的蟻后，否則無法消滅牠們。蟻后住在地下數公尺深的地道中，大部分的殺蟲劑都無法觸及，所以安全無虞，而且要在這麼大面積的範圍內用殺蟲劑

噴灑一個又一個的蟻丘，會耗費太多金錢，是不可行的。因此，目前並沒有一個已知的方法可以消滅全世界的火蟻。

我在進行關於水上行走昆蟲的博士論文研究時，首次讀到了跟火蟻相關的文獻。波士頓對火蟻來說太寒冷了，所以我與火蟻的第一次相遇是等到我赴喬治亞州任教之後了。我結識了研究火蟻遺傳學多年的生物學家麥可‧古迪斯曼 (Mike Goodisman)，他邀我一起去獵火蟻，而我欣然答應了。我找了一位熱愛登山的新進研究生內森‧姆洛 (Nathan Mlot) 同行，我們三個人跳上生物系的廂型車，開始了旅途。

喬治亞理工學院的校園因為有使用殺蟲劑，所以能嚇阻火蟻，但是，在往北開一小時之後，我們抵達了接收不到衛星導航的荒涼公路，來到一處被火蟻占據的地區。在柏油路邊界一些其他螞蟻無法生存的炎熱地帶，可看見一個個土丘，透露了火蟻的行蹤。土丘之下是精密的隧道網絡，包括幼蟲、蟲卵和蟻后，我若想要培育蟻群，這些全都得拿到手。我用鏟子挖土，總共蒐集了超過 20 公斤的土和螞蟻，並將這些東西裝在多個水桶中。把裝滿土的桶子帶回實驗室後，我思索著該如何將土和螞蟻分離。這有超過十萬隻螞蟻，若要一隻隻用手抓出來，永遠也抓不完。還好，麥可教我研究火蟻的實驗室常用的招數，他接上一條水管，讓水一滴一滴注入裝滿土的桶子，利用緩慢滴水模擬下雨，讓螞蟻有充足的時間可以整兵，並集體撤退到表面，就如同牠們在巴西的雨季會做的行為一樣。

　　讓水滴了一整晚後，隔天早上我回到實驗室。桶內裝滿褐色的水，土壤全都泡在水中了，水面上浮著一個長得像變形蟲的不規則狀物，但卻有小餐盤的大小，邊緣則可見到動來動去的小腳和觸角。整張筏子又寬又平，共有兩層，在上層，螞蟻互相踏過彼此的身體，就跟在陸地上一樣；在下層，螞蟻抓著彼此的腳，形成緊密的織網，就這樣躺著一動也不動，彷彿處於催眠狀態。

　　當我從筏子中央往下壓，它會像一塊橡皮般變形後彈回，表面則維持乾燥。螞蟻腳之間的空隙非常緊密，因此水無法穿透，除非整張筏子被壓到水面下。在第一章，我們談到水黽布滿細毛的腳不會被弄溼，是因為其表面積非常龐大，同樣的道理，當螞蟻把腳連接在一起時，便呈現出一個由交纏的腳所組成的粗糙表面，能困住氣泡。對螞蟻來說，合作是絕對必要的，因為牠們本身的密度比水還大，不這麼做的話會沉入水中。

　　我戴上一雙乳膠手套，拿起蟻筏，那觸感是我從來沒有碰觸過的，就像帶有許多孔洞的液態優格，也像一堆沙拉生菜。這筏子跟一堆生菜一樣有彈性，如果我往下擠壓一些，它會彈回原本的形狀，但如果我拉開筏子，它則會像披薩上的乳酪般牽絲（附圖 11）。筏子之所以能壓縮及延展，是因為它由數以千計的螞蟻腳連接而成，每一隻腳都能彎曲或伸展。但這張筏子怎麼能夠同時具備固體和液體的特性呢？這時候，就必須稍加延伸生菜的比喻了：跟生菜不同的是，螞蟻有自己的能量來源，而且有高度活動力。我使用高速攝影機來拍攝表面看起來

沒什麼動靜的蟻筏，結果發現螞蟻的每一隻腳都在快速建立或切斷新的連結，好比在玩高速的鬼捉人遊戲。由於牠們的動作極快，使得整個結構看起來維持相同的形狀，但實際上卻是不斷產生新的連結，因此，我可以把這筏子像麵團一樣放在手心滾圓，塑成熱狗或蝴蝶餅的造型，當我這樣做的時候，螞蟻們不會受到傷害，只是會重新排列組合。若將筏子一分為二，只要再把兩端湊在一起，牠們不需要我的協助，就能重新連結成一張筏子。

這種重新連結的能力就稱作「自我修復」(self-healing)，是人類長久以來希望找到的材料特性，可讓材料更禁得起力與時間的考驗。現在市面上還找不到擁有自我修復能力的材料，但已有原型出現，在混凝土之中嵌入小塊小塊的膠，當混凝土破裂時會被擠壓出來。這些材料很多都是受到人類的皮膚所啟發，因為它也會透過凝血與細胞增生來自我修復。蟻群和自我修復材料不同的地方在於，它的自我修復速度極快。我們的皮膚若被割傷，需要好幾天才能復原，因為身體要從很遠的地方把專門進行修復的細胞送過來，相形之下，螞蟻不到一秒就能重新形成連結。

如果你把一枚硬幣放在筏子上面，它很快就會被吞沒，因為螞蟻會不斷爬上硬幣，硬幣下方的螞蟻會使勁爬出去，同時又有其他螞蟻爬上硬幣，將硬幣推到更下面。慢慢地，硬幣就像一根緩緩陷入優格的湯匙那樣沉入筏子。螞蟻之所以做得到這點，是因為牠們不需要去管彼此的身體是如何連結的，牠們

幾乎是採取任何方向都可以。我們將其中一球螞蟻急速冷凍後進行電腦斷層掃描，發現螞蟻的腳可接在鄰居身體的任何一個部位，這種可快速連接而不挑選位置的能力使牠們得以補上硬幣留下的缺口，讓整個蟻筏表現出液體的行為。一滴水是由超過 10^{21} 個水分子所組成，也就是 10 後面加 21 個零；蟻筏只有數千個連結，但這樣似乎就足夠讓筏子展現類似液體的行為。

淹水的時候，這種既能像液體般流動、又能像固體般回彈的能力，對火蟻而言十分有用。想像一下在暴漲的洪水中漂浮的蟻筏，只能隨波逐流，並會撞上途中遭遇的任何障礙物。如果水流很急，筏子可能會撞到岩石或其他堅硬的物體，若筏子具有彈簧般的能力，將能幫助螞蟻產生緩衝，避免受傷。另一方面，倘若流速很慢，筏子就可以利用液態特性來讓自己繫留，因此，在草叢或其他突出的植物之間，常看得見卡住的蟻筏，藉由流經這類縫隙，蟻筏就能抵達岸邊，好像變形蟲伸出偽足一樣。

為深入研究螞蟻的材料特性，我和當地一位長期研究非牛頓流體（同時表現出流體和固體特性的材料）的專家阿爾伯托・費南迪茲－尼爾維斯 (Alberto Fernandez–Nieves) 進行合作。為了研究這類流體，阿爾伯托與學生麥克・坦恩鮑姆 (Mike Tennenbaum) 運用了流變儀這種高度精確、費用跟汽車一樣昂貴的「攪拌裝置」，可以用來量測流體在外力作用下的變形和流動。當流變儀啟動時，是飄浮在空氣軸承之上的，這層薄薄的空氣使其幾乎毫無摩擦力，因而能進行極為精確的測量，即使是螞蟻施的力也一樣。

流變儀的發明者是化學工程師，他們設計出我們日常使用
的流體。例如，洗髮精以前是粉末狀的，很難均勻抹在頭髮上，
但若設計成水狀也很不方便，因為洗髮精會從指縫間流走。工
程師在洗髮精裡加入長鏈聚合物，將之轉變成非牛頓流體，會
依據你對它的行為來改變其特性：當施的力小時，洗髮精的長
鏈聚合物就會隨意排列；當施的力大時，聚合物鏈就會整齊排
好，減少流動的阻力。因此，洗髮精能像巧克力一樣躺在你手
中，但抹在頭髮上時又能輕易被壓成一灘液體。油漆也是非牛
頓流體的一個例子，被刷子推動時能輕易流動，但在牆上塗成
薄薄一層時，則會固化不動。

　　放在流變儀裡進行測試的螞蟻就像在乘坐小型旋轉木馬（圖
8.2）。我們特製了一個玻璃管，讓螞蟻待在裡面逃不出來，對
管子的尺寸大小要求很嚴謹，開門大小只允許跟頂板間有很小的
間隙——而頂板會像攪拌器一樣轉動螞蟻，管子和頂板之間若有
任何接觸，數據量測就會出錯。我們在旁邊放了一個吸塵器，
以因應火蟻逃出的狀況發生時，可以即時「滅火」。我們量測了
一群螞蟻的黏滯性，發現牠們有著跟油漆相似的特性，當受力小
時，會固定不動，但若受力太大時，則會鬆手以避免受傷。

　　流變儀測試十分有用，因為我們得以取得導致蟻群從固體
過渡到液體的作用力閾值。流變儀中可放進 3,000 隻左右的螞
蟻，而我們只要將流變儀提供的作用力除以螞蟻的數量，就能
算出作用在每隻螞蟻身上的力，這就像要計算水是如何從冰塊
變成液態時，會估算每一個水分子所受的力一樣。平均下來，

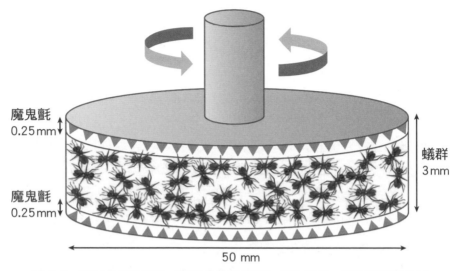

魔鬼氈
0.25mm

魔鬼氈
0.25mm

蟻群
3mm

50 mm

圖 8.2　測量螞蟻黏滯性（即抵抗流動程度）的流變儀。這個裝置可施以力矩來轉動頂板，並具有感測器來測得其旋轉速率，這也就是螞蟻流動的轉速。上下兩塊板子都附有魔鬼氈，以減少螞蟻和板子之間的滑動。

當一隻螞蟻受到相當於兩隻螞蟻體重的作用力時，蟻群就會變成液態，這個閾值和蟻筏的高度相對應，差不多就是兩隻螞蟻的高度。這個數字說明了為什麼起初沒有一定高度的蟻筏，最後總會變成液態，並固定在兩隻螞蟻的高度。算出螞蟻從固體變成液體的閾值，使我們很有信心實驗數據是正確的。

　　我們展開蟻筏的實驗，先是用手把螞蟻滾成一顆球，像在揉麵糰似的，但我們並不想要過度搓揉它，因為我們希望螞蟻與螞蟻之間會有氣穴。大約一萬隻螞蟻可以被滾成和肉丸差不多大的球，當把這顆球放在水面上時，它就會慢慢擴張成鬆餅般的形狀，就像一球緩緩融化的冰淇淋。流變儀實驗已經告訴

我們，作用力太大會使蟻群流體化。這球螞蟻一開始被放在水面上時，最底下的螞蟻因感覺到上方螞蟻的重量，於是開始鬆手，隨著筏子的高度愈來愈低，螞蟻繼續鬆手，直到筏子只剩兩隻螞蟻高為止。這時，螞蟻便不再放開彼此，而轉變成固體。蟻群的液態特性讓筏子得以改變形狀，而固態特性則讓它能固定在最終的形狀，倘若沒有最後這固化的步驟，螞蟻便會在水面上分散開來，失去彼此之間的連結。顯然，螞蟻承受的閾值對造筏至關重要，但它如何影響其他形狀（例如高塔狀）？

　　在光滑的表面建一座高塔，令人聯想到美國海軍官校每年的新生入學儀式。海軍官校的校園裡有一座超過 6 公尺高，由花崗岩製成的赫恩登紀念碑，自從 1959 年以來，這座方尖碑每年都會被塗以豬油，新生則會被要求要把海軍官帽套在塔尖上。這項挑戰的困難之處在於，一個人的肩上長時間只能承受一到兩人的重量，但這座塔卻至少有五個人高，若由五位新生站在彼此的肩上以觸及塔尖是不可能的，因為最下面那個人必須承受四個人的重量，這會超過他的能力。因此，他們必須團結合作，重新分配重量，若要做到這點，每一層的新生人數就得呈指數增加，例如，最上層可以站一個人，但第二層就至少要有兩個人，來平均支撐上面那名新生的重量，這就表示，第三層至少需要五到六名新生，才能支撐上面兩層的總重量，可以想見，每一層的人數增加得很快。新生能完成這座人肉高塔，是經過謹慎地計畫，但這對螞蟻來說是不可能的，螞蟻是依靠分散控制 (distributed control) 來建造高塔的，也就是說，沒有任何一隻

螞蟻負責主導這項任務。然而，螞蟻建造的高塔看起來卻跟海軍官校新生所建的高塔非常相似，關鍵點就在螞蟻的液化作用。

　　觀察螞蟻建造高塔，會發現牠們是在不斷嘗試與出錯的過程中完成任務的。有時，螞蟻建的高塔太高太瘦，基部又太狹窄，導致高塔整個倒塌下來，就像長條軟糖彎折那樣，這是因為底部的螞蟻承受了超出自己閾值的作用力，所以放開了手。雪崩般的坍塌是螞蟻捲土重來的方式，要建造如艾菲爾鐵塔般的結構，只要解開過度施力在螞蟻身上的東西即可，最後會呈現這種造型，是因為它是唯一經得起時間考驗的形狀。

　　能夠這樣群集在一起的螞蟻不只有火蟻，包含超過兩百種的行軍蟻所群聚的方式比火蟻更加複雜。要研究牠們，就得讓我們離開亞特蘭大，前往巴拿馬。

　　正值黃昏時分，紐澤西理工學院的生物學家克里斯・瑞德 (Chris Reid) 與喬治華盛頓大學的友人史考特・包威爾 (Scott Powell) 已經在同一條小泥巴路上走了好幾回。他們在巴拿馬運河中的一座大島巴羅科羅拉多島上，追蹤鬼針游蟻 (*Eciton burchellii*) 這種行軍蟻。他們用手電筒來回照射，搜尋暴露行軍蟻行蹤的覓食路徑，這個路徑可達 12 隻行軍蟻的寬度。史考特上次來這裡時，看到他所見過最長的蟻橋（附圖 12），那座橋完全是由螞蟻所構成，跟他的手臂一樣長，相當於長達 27 公尺的人造吊橋。構成那座橋的螞蟻身體一動也不動，只有觸角瘋

狂揮來揮去，感測在橋上移動的其他螞蟻。螞蟻怎麼有辦法搭建這麼長的橋？

為了提高看見蟻橋的機率，克里斯和史考特把目標鎖定在行軍蟻過夜的營地——蟻體巢 (bivouac)。蟻體巢是由七十萬隻成蟻所組成，裡面藏了等量的飢餓螞蟻寶寶。幼蟻在生長期間總是飢腸轆轆，全體每天總共需要 40 公克乾重的蛋白質，大約是一個漢堡排的大小。為了餵養幼蟻，整個蟻群必須要很有組織，蟻群會派出覓食者，牠的任務是在森林裡進行偵察，以找到食物來源，並盡快將食物帶回蟻體巢。覓食者的速度是蟻群成長的速率決定步驟，覓食者的速度只要增加一點點，就會影響蟻群一生的發展，使得幼蟻成長的速率變快，從而能派出更多覓食者。

多年前，史考特和指導教授尼格爾·弗蘭克斯 (Nigel Franks) 發現螞蟻會使用一種令人讚嘆的方式來增加覓食速度。對螞蟻來說，落葉堆並不平坦，而是像一條坑洞遍布的馬路，這些坑洞通常會使螞蟻減慢速度，因為牠們必須繞過坑洞。史考特發現，螞蟻在通過坑洞時，會評估洞口和自己身體的大小，如果大小相當，牠就會用腳牢牢抓著坑洞邊緣讓自己像人孔蓋一樣把坑洞蓋住。大螞蟻蓋住大坑洞，小螞蟻蓋住小坑洞，蟻群成員的體型大小不一，使得整條路上所有的坑洞最終都會被填滿。自我犧牲的螞蟻不會受傷，因為螞蟻體型小，使牠們相對來說極為強壯，一千隻螞蟻的重量才有辦法壓死一隻螞蟻，相當於一棟房子的重量壓在一個人身上。

　　暫時犧牲蟻群的一位成員，對整個蟻群有極大的助益。每隻把自我犧牲的夥伴當作墊腳石的螞蟻，都能省下 1 秒鐘的移動時間。試想，假設螞蟻的覓食路程長達 200 公尺，對人類來說就相當於 35 公里，路徑的寬度約為 12 隻螞蟻的身寬，再加上螞蟻極快的速度，使得每分鐘有 200 隻螞蟻能通過一個坑洞。如果路上的每個坑洞都能像這樣被填滿，螞蟻找到並帶回食物的速率便能增加為 2 倍或 3 倍。這只是其中一個例子，演示了行為的微小改變，在經由蟻群中龐大數量的螞蟻加乘後，能為整個團體省下大筆的支出成本。我們在本章後面說到機器人的故事時會提到，同樣的加乘行為不只會帶來好處，也會造成嚴重的後果，只要有一個機器人出了錯，經過大量機器人的加乘，錯誤就有可能威脅群體。龐大的群體既會放大益處，也會放大壞處。

　　然而，這種填補坑洞的行為並無法說明螞蟻是如何造橋的，更何況是 15 隻以上的螞蟻所搭建的橋。史考特有個假說：或許螞蟻只會在特定的結構上造橋，例如叉狀樹枝。為了跨越樹枝的分岔，螞蟻必須走下叉子的其中一邊，再爬上它的另外一邊，分岔處就是瓶頸所在，如果有隻螞蟻把自己卡在那裡，就會讓整個蟻群的移動距離大幅減少。隨著時間過去，其他螞蟻會加入這隻螞蟻，一起建造一座小橋。透過把橋一端的螞蟻移往另一端的增生過程，蟻橋就會慢慢加長，並往叉腳末端遷移。換言之，蟻橋是無法憑空出現的，而是需要先有個底，接著還需要時間遷移。

為了測試這個假說，克里斯用 3D 列印的方式印了四個大小和形狀跟尺差不多的物件，把它們排成 W 形（圖 8.3）。物件的端點旋有樞紐，可以增加 W 形的寬度，來挑戰螞蟻的極限。接著，他們錄卜螞蟻造橋跨越 W 形障礙物的過程，結果跟史考

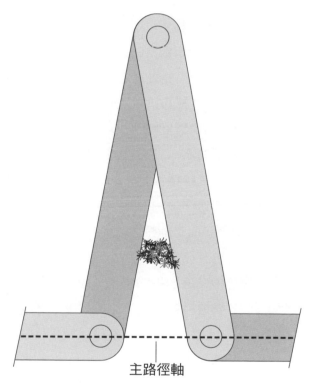

主路徑軸

圖 8.3　用來觀察行軍蟻造橋的 W 形裝置。各部位皆由 3D 列印的方式製造，圓圈處為樞紐。整個裝置放在螞蟻的移動路徑上，因此螞蟻被迫沿著裝置走，以回到原先的路徑上。為了減少移動時間，螞蟻會在裝置頂端造橋，隨著時間過去，橋會慢慢往下移。

特預期的一樣，螞蟻先是走遠路，沿著字母 W 的形狀走，隨著螞蟻的數量愈來愈多，路徑開始往 W 的縫隙遷移。最後，一些螞蟻嘗試橫跨縫隙，像人孔蓋一樣把身體往外伸，在數小時之後，牠們造了一座橋，往 W 的中心移動，史考特的假說被證實了，兩人雀躍歡呼。

　　看了一小時後，史考特和克里斯不再慶賀。蟻橋還沒移動到 W 的中央，就停住了，他們所觀察的每一座橋都有這個現象，這令人感到意外，因為螞蟻如果能直直走過 W，將會得到更多好處才是，然而，蟻橋在還沒發揮最大效益時就停止遷移了。倘若造橋是為了減少移動時間，螞蟻為什麼努力了半天，卻還要停下來？

　　要知道這個問題的答案，得從整個蟻群的角度去思考。從蟻群的角度來看，每一隻螞蟻都是一個個體，應該獲得充分利用，使糧食運回蟻巢的速率達到最高，如果這樣想，派幾隻螞蟻造橋並不會犧牲蟻群，而是能幫助其他成員更快到達目的地。然而，這樣分派任務也有後果——那些造橋的螞蟻沒辦法帶食物回去，一座一邊遷移一邊加長的蟻橋，同時也需要更多螞蟻來犧牲自己。因此，橋最終會固定下來的位置剛好是一個平衡點，橋如果移得更靠近主路徑軸，雖然可以減少移動距離，並增加螞蟻帶回食物的速率，但同時也會增加困在橋中的螞蟻數量，導致覓食的螞蟻數量減少。橋永遠不可能與主要路徑重疊，原因就在於這麼做會導致報酬遞減。

　　如果螞蟻只能和左右鄰居溝通，怎麼能夠優化出要把像橋這麼大的結構建在哪裡？橋的位置會影響橋的長度，進而影響可

在覓食路徑上自由走動的螞蟻密度。如果橋很短，覓食路徑上的螞蟻就比較多，可將糧食從食物來源帶回蟻體巢，然後再回去覓食，這會讓橋周邊的螞蟻密度比較高，也增加其中一隻螞蟻加入造橋的可能性。現在，讓我們試想橋搭得太長的情況，此時，覓食路徑上的螞蟻數量會變少，因為有很多成員都被困在橋的結構中。橋中的螞蟻會計算通過上方的螞蟻數量，當這些被困住的螞蟻覺得上方的交通流量低於某個理想值時，牠們就會離開橋。因此，橋是動態且具感測能力的，會根據路上有多少螞蟻來進行遷移，自動移到對蟻群最好的位置。請想像在車陣中，汽車自願開到路邊，讓道路變寬，給其他車輛通過，直到塞車的狀況結束。物聯網以及一個日益連結的世界，或許會引領我們進入一個新世代，讓物體彼此間開始合作，以增進人類福祉。

在最後的這幾個例子中，我們看到了群體的大小會賦予它第六感，來感測周遭環境。這種群體的能力並非一夕之間養成的，而是經過數百萬年的演化慢慢琢磨出來的。在下一個故事中，我們將看看如何從零開始建造一個群體。

哈佛大學電腦科學系的博士後研究員麥可・魯賓斯坦 (Mike Rubenstein) 與他的指導教授蕾狄卡・納格帕 (Radhika Nagpal) 終於完成了這個月的機器人配額。他們手工做了 30 個機器人，而且令人訝異的是，每一個都運作良好。現在，他們要把這個數字提高到 1,000 個，並給這個機器人模型取了一個新名字──千

位機器人 (Kilobot)。千位機器人跟一塊餅乾差不多大，看起來就像一張迷你的吧臺高椅凳，上面裝了一個電路板。每個機器人花費 14 美元建造，聽起來好像不多，但是要製作 1,000 個一模一樣的機器人，麥可就得花上 14,000 美元，和一輛小汽車差不多。麥可用顫抖的手上網訂購所需的材料，他博士論文研究的是協作式機器人 (cooperative robot) 的電腦模擬，在過去十年間，他一直想著群體中的機器人會如何進行思考、彼此溝通、解除困難，現在，他要驗證這些想法。

機器人學這個科學領域只有五十年的歷史。自 1980 年代以來，機器人設計工程師便一直夢想一種由小型機器人組成的模組式機器人，放在像是水桶的容器裡。每個小型機器人都有自己的小腦袋和自我驅動的能力，要召喚機器人時，只要把水桶清空，這些被倒出來的小型模組便會連接在一起，建造出一個更大、更能幹的機器人。由模組組成的機器人具有許多優點，首先，模組是消耗品，壞了可以輕易被取代，這種模組性在人類到不了的地方也很管用，例如太空。試想：你可以前往太空站數回，每一回都帶上一些機器人模組，讓它們自行和已經在那裡的模組共同合作。

要讓模組機器人 (modular robot) 成真，每個模組都必須以簡易而廉價的方式製成。當麥可在撰寫有關群體演算法的博士論文時，想的是由 10～50 個機器人來構成機器人群體。他發現，真正的群體無法只靠這麼少的機器人來組成。他在論文中寫了具有自組裝和自癒能力的群體的演算法，當收到自組裝任務時，

機器人會共同組成某個期望的造型，例如海星。自組裝的品質
與機器人的數量直接相關，如果只有 10 個機器人，他就只能組
成簡單的形狀，例如圓圈或方形，但如果有 100 個機器人，他
就可以做出複雜的形狀，像是扳手或鑰匙，這類可以由機器人
組成，且能讓我們使用的工具。麥可發現，想讓它們長得像真
正的工具，至少需要 1,000 個機器人，即使有這麼多的機器人，
這個數量還是比電腦螢幕的畫素少太多了，但這至少是個開始。

　　麥可開始著手設計由 1,000 個機器人組成的群體（圖 8.4），
並發現因機器人的數量所帶來的有趣問題。想像你剛買了一輛
新車，工廠評比非常好，每開一小時，引擎發生重大失誤的機
率只有 100 萬分之一，這麼低的失誤機率在測試單一車輛時是
不會被偵測到任何失誤的，因為失誤可能要等一百年後才會出
現；然而，如果你有 1,000 輛車同時在運作，第一個月出現引擎
失誤的可能性就很高。對個體而言，很罕見的失誤要相當長的
一段時間才會出現，但對一個群體來說，失誤卻是必然。因此，
他似乎必須要做出完美無瑕的機器人，才有辦法避免失誤。

　　為了讓群體機器人合乎成本考量，他還必須解決難以避免
的質與量之間的平衡問題。如果他只是要建造一個機器人，他
可以花上好幾百、甚至數千美元來達到精密的感測能力以及精
準的移動性能，如果想做的機器人愈多，機器人勢必就會更廉
價、更不精確。問題在於，沒有人寫過如何控制一群容易出錯
的機器人的演算法，當機器人變得更不可靠，他就必須寫出新
的演算法，來彌補機器人的失誤，好讓它們仍能穩健地完成任

務。麥可把這些問題全部考慮進去，試著想像機器人可能出現的所有錯誤，他決定在建造 1,000 個機器人之前，先小試身手，只建造 30 個機器人來進行長時間的測試，一旦著手開始建造 1,000 個機器人，他就只能眼睜睜看著美夢與惡夢同時成真了。

機器人必須動來動去才行。但如果要做 1,000 個機器人，就連玩具車的輪子這麼簡單的零件也會變得過於複雜。車子有太多零件了：一個馬達、兩個輪軸、和四個輪子，這樣就至少有七個零件了。因此，他得設計一個裝置，單靠一個零件，而且完全不用輪子，就可以移動。

發明手機的人當初絕對想不到，這個世界有一天會存在著數億支手機。因為手機變得如此普及，使它的零件能以低成本來製造，而其中的一個就是重量很輕的震動馬達。有一種簡易機器人——「牙刷機器人」(bristlebot) 就是以震動馬達為發想，可上網站 evilmadscientist.com 一探究竟。把震動馬達裝在牙刷上，就成了牙刷機器人，震動會使機器人往前滑動，但是機器人無法改變方向。

為了做出會轉彎的機器人，麥可在機器人上裝了兩個震動馬達，像是戴了一副耳罩似的（圖 8.4 B）。兩個馬達裝設的位置清楚定義出機器人的頭部，當兩個馬達都以逆時針方向旋轉時，機器人就會往前走，當它們各以相反的方向旋轉時，機器人就會原地打轉。機器人滑行得很順暢，但是速度很慢，1 秒鐘只移動 1 公分，相當於每小時只前進 36 公尺，跟蝸牛一樣。只要地表是平滑的，機器人就能充分發揮移動的能力。每個馬達

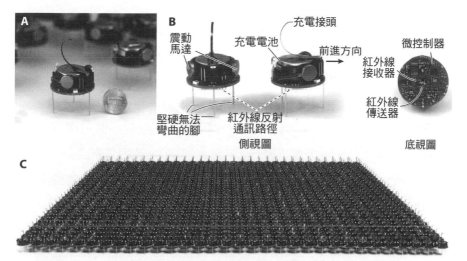

圖 8.4　A 千位機器人，旁邊放了一美分的硬幣作為比例尺。B 每個千位機器人都裝配一個小電腦，可自動執行程式；兩個震動馬達可讓機器人在平面上自行或轉彎；還有一個朝下的紅外線傳送器與接收器。機器人會發射紅外線，透過擊中地面後反射的紅外線與左右鄰居溝通。C 由 1,024 個千位機器人組成的群體。千位機器人的設計讓整個群體不論是由多少個機器人組成，都能在同一時間內完成動作，例如充電或程式設計。（圖片由麥可‧魯賓斯坦提供。）

只要 1.5 美元，所以整個驅動系統共只要 3 美元。他必須密切注意成本，因為之後每個零件都得訂購 1,000 份，選擇這款馬達就已經花了他 3,000 美元。

　　當一個機器人在桌上被其他機器人圍繞時，必須要能夠跟它們溝通。如果機器人是圓形的，在六方晶格中，它最多會有六個鄰居，它要如何同時與這六個機器人溝通呢？成本最低的方法就是使用光。一開始，麥可考慮要在機器人頭頂放一個信

號燈——就像警車上方的警示燈般,並在周圍的機器人身上裝小型感測器,猶如它們的眼睛。但是,這樣就需要用到兩個反射器,一個裝在信號燈上,另一個裝在機器人的接收端,不只如此,反射器也會導致損耗,縮短光線所能傳送的距離。最後,麥可把這個想法整個大翻轉,以桌面做為反射器,他在機器人的底部裝了一個紅外線 LED 燈(圖 8.4 B),若用三根 2.5 公分高的金屬棒架高機器人,反射光就能傳得更遠;機器人的腹部中央有顆眼睛,能讓它看見其他機器人傳送過來的紅外線光束,這下子,機器人能說也能聽了。

　　麥可需要找到一個不靠手動就能控制機器人的方法,因為就連簡單的開關都可能導致災難。找到並觸碰燈光開關最多會花上數秒鐘的時間,可是 5 秒鐘乘以 1,000 次就等於一個半小時了,所以他必須要能同時與所有的機器人溝通才行。他決定把其中一個機器人的訊號連接到實驗室天花板的紅外線照明燈,它的光束就可以透過閃光的形式來發送控制碼給整個機器人群體。

　　幾乎所有的零件都能大量訂購,只有充電線的部分必須手工製造。要讓 1,000 個機器人同時充電,不能使用個別的充電線,於是,他在每一個機器人頭上裝了一根小小的硬金屬絲,那往上翹的弧度就像某種酷炫的髮型(圖 8.4 B),他只要把一大張金屬片放在所有機器人的頭上,就能同時進行充電。唯一的問題是,金屬片如果放太久,會有過熱的疑慮,每個機器人取用 1/10 安培的電流,整張金屬片就是 100 安培了,足以讓好幾個電器同時運作。

他使用兩個機器人來測試溝通。兩個機器人所能完成的最簡單任務就是繞圈，也就是一個機器人不動，另一個機器人繞著它走，像「鴨鴨鵝」(duck-duck-goose) 這種繞圈抓替死鬼的遊戲一樣。這個遊戲聽起來容易，但那是因為我們能藉由視覺來引導，不妨想像一下在黑暗中玩這個遊戲，此時，坐在中間的人不斷喊出聲，讓繞圈者聽著聲音繞圈子，根據彼此之間的距離，聲音的強度會增強或減弱，如果聲音聽起來太大聲，繞圈者就增加行走半徑，若聽起來太微弱，就減少半徑，如同我們前一章學過的，這個機制就稱作「比例控制」，因為機器人會依據接收到的訊號，按比例來調整自己的行為。藉由這種方式，繞圈機器人行走的路徑雖然有點跳動，但大致上會是圓的。

接著，麥可用四個機器人來進行測試，四個機器人足以讓它們判定彼此的位置，這個概念稱為「定位」(localization)，是協調良好的團隊能一起合作的必備條件，為了做到定位，他運用類似全球定位系統 (global positioning system, GPS) 的原理。手機的 GPS 能夠成功定位，是因為它會聽取四顆繞著地球運轉的人造衛星的訊號，這些衛星會定期喊出聲，而手機會從每顆衛星那裡接收到訊號，並運用訊號的強度來估算自己與每顆衛星之間的直線距離，有了這四個距離，就足以算出在空間中的三維座標，這就是手機之所以能說出你所在位置的方法。由於麥可的機器人全都放在單一平面的桌子上，因此他只需要三個機器人圍繞一個機器人，就能完成同樣的

任務。麥可讓這三個機器人發送紅外線訊號,第四個負責感測的機器人則聽取這些訊號,並利用訊號來計算自己的座標,這個機器人藉由移動到三個機器人的中央,顯示它確實知道自己在哪裡。

　　只有四個機器人時,定位十分順利,但當機器人數量增加後,問題就開始出現了。其中一個問題就是雞尾酒會效應(cocktail party effect),亦即當許多對話同時進行時,機器人會很難感測到鄰居所發出的訊號。麥可運用「分碼多重進接」(code division multiple access, CDMA) 這種常見的手機通訊協定,以確保每一個機器人都能輪流使用共享頻道,就好像我們遇到四向停止號誌時,得輪流通過一樣。除此之外,機器人還會遵守另一條禮儀規則:說話的音量只要讓隔壁的機器人聽得見就好,他決定,當某個機器人說話時,只有半徑 10 公分以內的機器人能聽見。之後,在機器人數量增加時,他發現這條規定必須修改,當機器人的數量來到 1,000 個,便有可能累積多重對話,好比同一個房間裡有很多鐘一起滴答響所造成的嘈雜聲。周遭的噪音會使機器人感覺夥伴的音量大於實際音量,因此低估自己和對方之間的距離,為了解決這個問題,機器人就必須進行多次測量,才能確定自己聽到什麼。

　　麥可在建造機器人的過程中,發現它們其實是一種受限的機器,感測器會輸出波動不規則的噪音,以至於模糊了原本希望收發的訊號,於是,他開始修正製造過程,以減少這個噪音。例如,他發現機器人的紅外線感測器敏感度不一;而在做了許

多機器人後，他也察覺所使用的焊料會對部分感測器造成損害，因此便改用低溫焊料。

　　對機器人的設計終於感到滿意了之後，他訂購 1,000 份機器人的電路板，接著花了數個月裝配，完成後，他把 1,000 個機器人排成方陣。在接下來幾天裡，他測試機器人群體形成預設形狀的能力（圖 8.5），這些任務需要花數個小時來完成。機器人的第一項任務就是要排出一個簡單的五角星形（圖 8.5 C），方陣中有四個機器人被指定為星形的「種子」，這個種子機器人會維持不動，組成星星最底部的角，其他機器人則在種子機器人周圍重新排列，使用一系列簡易的演算法，就有可能讓方陣從方形變成接近星星的形狀（圖 8.5 D）。

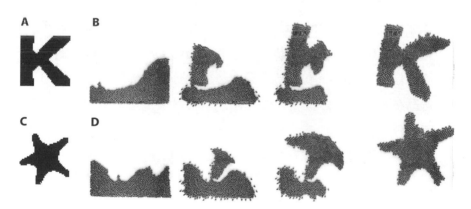

圖 8.5　使用多達 1,024 個千位機器人所進行的自組裝實驗。A、C 希望機器人組成的形狀，屬於演算法的一部分。B、D 從機器人的初始位置（左邊）自組裝成字母 K 及星形的過程；右邊是最終完成自組裝的形狀。（圖片由麥可．魯賓斯坦提供。）

　　下一步，機器人會根據自己與種子機器人之間的距離排序而形成梯度，種子旁邊的機器人為第一級，遠一點的為第二級，以此類推。這個任務聽起來很簡單，因為我們具有上帝的視角，能從上方觀看，但想像一下，如果你在一個黑暗擁擠的房間，只能靠與左右鄰居溝通來完成這個任務，會是什麼感覺。梯度排序是從種子機器人開始出發，漸次向外完成的，當組成種子的機器人出了聲，半徑 10 公分以內的機器人聽見了，就會指派自己為第一隊，第一隊的機器人接著也出聲，聽得見但尚未被指派的機器人就會變成第二隊，整個過程一直重複，直到每一個機器人都知道自己與種子之間的距離。

　　經過梯度排序，機器人就能開始照順序移動，離種子機器人最遠的機器人會先動，接著其他機器人會按照梯度順序進行移動，直到最靠近種子的機器人也移動了。按照梯度順序來移動，可確保方陣的其餘成員之間不會出現空洞，空洞對一個群體而言是很致命的，因為機器人必須要有左右鄰居，才能知道自己在哪裡，機器人一旦變得孤立，就會失去定位能力，難以再次融入群體。

　　最遠的機器人沿著群體的邊緣一個接一個移動，直到最後來到種子機器人旁，種子機器人知道所有機器人應該要移動到相對於種子的什麼位置。在這個例子中，種子機器人組成海星其中一隻腳的尖端，因此其餘的機器人便開始組成這隻腳剩下的部分，它們共花了 12 個小時來填滿海星的五隻腳。每次只有少數機器人在移動，因此大部分的機器人在測試中都處於休息

狀態──這一點很重要，因為機器人的電池只有 3 個小時的壽命。當麥可在睡覺時，由錄影機錄下機器人的動作，隔天，他重播影片來看看機器人做了什麼。

因為發生了幾個問題，麥可必須重做實驗才能成功。首先，一個成本才 1 美元的馬達品質差異太大，當一排機器人沿著邊緣走時，無可避免地會出現一個比較慢的機器人，拖住整個隊伍，這種情況之所以會發生，是因為在動作慢的機器人前方的那些機器人會一直快速向前走，使動作慢的機器人變成群體行動的瓶頸。他修改程式，讓機器人能感應到有誰在前方，接著放慢速度，以免發生碰撞，就像真實的塞車狀況一樣。機器人出現塞車的原因，來自真實世界裡的品質差異。幾年前，麥可的博士論文寫的就是模擬這類機器人的電腦程式，但他當初從未遇過這些問題，因為他模擬的機器人能夠以相同的速度移動。要控制大量不完美的機器人，需要特殊的演算法，使他學到電腦程式碼無法教他的事情。

「侵蝕」則是麥可先前沒預料到的另一個問題，也就是沿著邊緣移動的機器人會把靜止不動的機器人推走，由於正回饋機制的緣故，當愈多機器人被推走，就會造成愈多碰撞，然後又導致更多機器人被推走。過了一段時間，這些流離失所的機器人會創造出尖尖的邊角，宛如剛塗上的油漆垂落下來，形成一條一條的痕跡那般，最後，星星和扳手的形狀看起來會有些變形，好像正在融化似的。

自從麥可建立了千位機器人這個群體機器人之後，它們就被當成教學工具，用來研究一些很難觀察到的系統的群體行為，例如胚胎發育。胚胎能透過細胞位置的遷移，從球狀轉變成熱狗狀。這種機器人也能用來模擬多種生物現象的行為，例如趨光性。

全世界的模組機器人都能在各種環境中移動。賓州大學的馬克・嚴 (Mark Yim) 便致力於研發能夠控制貨船的模組機器人演算法。美國海軍有興趣研發一種能夠彼此連接在一起的貨船系統，作為直升機在海上的停機坪或是吉普車的橋梁。但主要的問題在於，海浪會使漂浮的物體搖來搖去，彼此若靠得太近，甚至還會相撞。馬克的解決方式是，建造出只有實際大小 1/12 的貨船，並在大學游泳池裡進行測試，這些船是長方形的，底部有兩個推進器，能使它們打轉或走直線；船身邊緣的繩子和其他貨船的鉤子成對。千位機器人運用的原理也被用在這些貨船上，例如給目標結構一些種子機器人，並建立梯度排序，讓機器人能一步一步填滿彼此的間隙。

另一個模組機器人學關注的焦點，就是建造立體結構。白蟻能建造 8 公尺高的蟻丘，相當於人類建造一棟 1.6 公里高的建築物，白蟻之所以能夠做到這點，是因為牠們會扛著一粒粒的沙土，一一堆上去。哈佛大學的賈斯汀・維爾費爾 (Justin Werfel) 與蕾狄卡・納格帕研究的就是如何建造能夠撿拾並堆疊磚頭的機器人，機器人接著可以爬上磚堆，放置更多磚頭，在堆放幾十個磚頭後，一座小型城堡便完成了。這個案例的困難

點在於，機器人要如何建造一個結構而不去碰撞到其他機器人，還有這個結構的設計必須要能讓機器人攀爬上去，以建造下一層結構才行。建造立體結構有其獨特的挑戰，研究人員正在克服中，或許有一天，我們真能把一桶小型機器人丟進水管，讓它們相互合作，最後從另一端幫我們打通水管也不一定。

動物運動學的未來

正當我在參加某場研討會時，我收到一則緊急訊息，是學校的記者傳來的。他語氣嚴肅，要我去看看每日晨間節目《福斯與好朋友》(*Fox and Friends*)。我打開節目，正是一位新聞播報員在談政府是如何花數百萬美元的稅金在補助研究上。播報員說，大家或許會以為這些錢是被用來解決像愛滋病、癌症或茲卡病毒等問題，如果這些研究領域能獲得更多經費，那麼科學家或許早已找到治癒這些病症的方法了。結果不然，這些錢被拿來補助其他類型的研究。她轉向一個大型的遊戲轉盤，上面標示「浪費之輪」，每個區塊都寫了一個科學研究的名稱。她和一名參議員一同轉動輪盤，輪盤最後停在一個很眼熟的研究上：狗兒甩。接著，他們兩個開始審判，嚴厲批評這個研究為什麼只是在浪費納稅人的錢。

　　他們就這樣繼續批判了幾個研究：溼答答的狗兒要甩幾下身體才會乾？松鼠和蜜蜂哪一個毛髮比較多？賽馬尿尿要花多久時間？到了節目尾聲，在 2016 年最浪費錢的二十個研究當中，我已經中了三個，等於是全國最浪費錢的研究的 15%。我的學校後來告訴我，就他們所知，沒有人一年中這麼多個的。他們雖然嚇壞了，但我在某方面卻還蠻自豪的，我從來沒有因為任何事情占了全國的 15%。

　　看完《福斯與好朋友》後，我看了那位參議員所寫的年度小書，裡面記載了他譴責的每一位科學家，可說是他的「浪費錢記事本」。今年的主題是：讓你摸不著頭緒的二十個問題。這本書的書寫語言是五年級小學生看得懂的，封面還放了暴龍的圖片，我想到我那兩個還沒上小學的孩子哈利與海蒂，他們很快就能夠讀懂參議員的這些抨擊，因此也可能會納悶動物運動的相關研究是不是在浪費錢？

　　研究動物的科學家總會得到政治人物特別多的關注。對於我們這些人而言，雖然很不幸，但卻很有道理。在浪費錢記事本說服觀眾之前，必須先引起他們的注意。在 2015 年，杜克大學的生物學家希拉‧帕特克 (Sheila Patek) 因為建了一個「蝦子搏鬥社」來觀察蝦蛄那殺傷力很高的水中拳擊，而進了浪費錢記事本的名單；在 2011 年，生物學家盧‧柏奈特 (Lou Bernett) 則是因為建了「蝦子的水中跑步機」而入選。這些與動物有關的研究主題確實能引起人們的注意，但若花點時間去深入了解，就會知道這些研究絕對不是什麼難懂的癖好。

　　就如希拉・帕特克所知，蝦蛄是一種很驚人的生物，牠們動腳的速度比子彈從槍管中射出的速度還要快，但卻不會因此受傷。螺旋槳若是轉得那麼快，會因空蝕作用產生氣泡，而這些氣泡會爆炸，最終毀損螺旋槳，若能了解蝦蛄是如何快速產生動作，就能設計出抵抗空蝕的螺旋槳了。

　　盧・柏奈特的蝦子跑步機其實是測量蝦子新陳代謝的好方法，而蝦子是非常重要的經濟物種，消費量正上升中，農業科學家也在豬和牛等農場動物身上做過類似的研究。了解蝦子使用能量的速率，將在養殖和動物福祉方面扮演重要的角色。光憑研究名稱就評斷一個科學研究，就像看封面評斷一本書，或是以貌取人。

　　基礎研究能被拿來用在很多意想不到的地方。正如你在第三章中看到的，我進行了一個排尿的研究，證明膀胱和尿道的形狀是動物排尿時間一致約為 21 秒的原因。自從我發表了這個研究，來自世界各地、包括日本與荷蘭的科學家都曾引用這份文獻，表示這個研究對他們的研究具有影響力。

　　因為排尿問題而去看醫生時，醫生一定會用昂貴的雷射和儀器來測量排尿的速度。日本有位松本聖治 (Seiji Matsumoto) 醫生看到我的研究，覺得排尿時間會是偵測排尿問題的一個簡易方法。他訪問了兩千名日本人，想知道他們的排尿時間，這些人從小孩到八十歲以上的老年人都有。他發現，排尿時間會隨年齡而增長，從二十歲時的 21 秒，延長到八十歲的 31 秒，這是攝護腺變大以及膀胱肌肉力量減弱的緣故。也許有一天，

醫生會問「你今天尿尿花了多久時間？」以此來初步評估膀胱是否健康，然後再決定要不要進行超音波檢查。

　　失禁是老年人普遍會有的問題。其中一個解決辦法，就是在膀胱中植入電子式假體，使用電流來控制排尿，但是要判定膀胱功能是否恢復正常，需要一個基準值。密西根大學的工程學家阿碧兒・庫蘭姆 (Abeer Khurram) 及其同僚所選擇的基準值，就是我的 21 秒排尿定律，他們用這個來測試裝在貓咪體內的假體，以確保植入人體是安全的。

　　器官再生是個很重要的新興領域，而尿道再生也不例外。荷蘭科學家盧克・維斯德根 (Luuk Versteegden) 及其同僚便設計出以膠原蛋白和人類細胞所做成的替代尿道。跟其他必須長期放置在體內的東西一樣，這也必須先經過耐用性測試。這些工程師選擇使用真實的人類條件來測試三天，其中包含每兩個小時進行一次的 21 秒排尿。

　　這些研究全都在 2017 年發表，證明 21 秒定律確實能夠提供關鍵啟發，協助設計療法、假體和人工器官，這些都是對人類有直接助益的研究。

　　我在這一章的開頭談到浪費錢的科學研究。浪費的概念是以一個容量有限的油槽及一個已知的目的地為基礎的，人們期待科學家能讓他們在從甲地移動到乙地的過程中省油，但是，科學的真正力量是帶領我們到未曾去過的地方，比方說，發現排尿時間可以做為膀胱健康與否的指標。本書還有其他許多主題也同樣地怪異，令人意想不到，因此如果沒有這些研究動物運動的科學家，我們可能永遠也不會接觸到這些主題。

　　這本書或許可視為對那位參議員的抨擊所做的長篇回應，同時也能回答研究動物運動是否值得等相關問題。自從我開始寫這本書以來，動物運動的領域又更加擴展，因此，我想藉由這一章來討論這個領域的未來。自從 1939 年詹姆斯・格雷爵士進行了魚類游泳的第一批研究之後，動物運動學領域便有長足的發展。他一定無法想像，機器魚和其他應用在不到一百年內就出現了。在接下來的十年、二十年或一百年間，我們還能期待有什麼新發展呢？動物運動學研究會如何變遷，又會如何改變世界呢？

　　科學家攝影的方式正在轉變。在動物運動學領域中，照片和影片一直都是獲取數據的重要方式。在此之前，攝影只有在速度和解析度方面獲得提升，但麻省大學的生物學家鄧肯・伊爾斯克 (Duncan Irschick) 正在改變這點，他發明了一個叫做「野獸攝影機」(Beast Cam) 的裝置，可以給活生生的動物拍攝立體照片。這個裝置是由二十架不貴的消費者等級的數位相機所組成，吊掛方式就像一座迷你體育場的照明燈般，這些相機會從不同的角度同時拍照，而電腦演算法則會把這些照片組合成一個三維點雲。我去年拜訪鄧肯的實驗室，得以一見他用這個技術拍攝到的稀有巴拿馬金蛙，並欣賞金蛙身上的黃底黑斑。不幸的是，這種青蛙已經幾近滅絕，但至少鄧肯在電腦中保存了牠的立體影像。我使用電腦滑鼠以不同角度來觀看青蛙，彷彿我正繞著牠走一圈，觀賞牠細膩的紋路與色澤，好像牠今天還活得好好的，就連牠腳的姿勢與腳趾排列的獨特方式都很清晰，使得影像極為栩栩如生。

雖然現在要預測科學家會如何運用這些立體照片，還言之過早，但鄧肯的研究已經吸引了娛樂產業的注意。拍攝青蛙的立體照片，比聘請畫家手繪一隻青蛙還要便宜太多了，有一天，電影和新聞報導都可能會使用動物的立體照片。

不過，增加真實性也可能會帶來不好的影響，它可能會取代人們親眼見到真實動物的渴望，有些人可能不會想去動物園，而是覺得觀看虛擬實境的立體動物圖像就夠了，這種可能性是存在的，因為各年齡層的人現在都花愈來愈多時間在手持裝置上，接收社群媒體、新聞和電影的內容。然而，我相信虛擬實境會像彩色照片一樣，有助保育工作。舉例來說，野生虎的數量愈來愈少，被人類豢養的虎比在野外的還多，就是因為有那些自然攝影與紀錄片，大眾才對老虎的狀況有所認識。試想，如果人們可以看見動物的立體圖像，會有多少人加入了解、支持動物保育的行列？

野獸攝影機只是未來的其中一個可能性，將便宜的消費型科技元素湊在一起，所創造的一項新科技。我們這個領域有很多研究都是用這種方法完成的，美國國防部稱這種手工的儀器設備為「美術與工藝」。隨著 3D 列印機的成本愈降愈低，自製設備將會變得更普及，同時，高科技設備也在挑戰圖像捕捉的極限。

布朗大學的史提夫・蓋茨 (Steve Gatesy) 與貝絲・布雷納德 (Beth Brainerd) 是最先應用 3D X 光移動形態學重建技術 (X-ray Reconstruction of Moving Morphology, XROMM) 的團隊之一。首先，他們使用電腦斷層掃描來掃描一隻動物，判定牠的形狀及

骨骼位置，接著，X 光攝影機會追蹤牠在跑步、吃東西或做出其他動作時，骨頭在三度空間中的動作。這兩項工具結合起來，就能給予科學家 3D X 光的成像，得到的結果便是動物骨骼跑過螢幕的 3D 影片。透過將標記轉移到肌肉中，科學家便能追蹤骨骼動作時的肌肉收縮狀況，幫助我們明白肌肉是如何產生動作的，這些技術可以使我們了解那些在自然界時常發生並涉及許多部位的複雜動作是如何完成的。當我們說話時，會使用到臉部很多部位，明確地說，共用到 43 條肌肉與 14 根骨頭。研究人員可以運用 3D X 光移動形態學重建技術來了解不同部位所扮演的角色，也能知道該如何修復這些部位，才能幫助受傷的病患恢復正常機能。

　　立體成像也有助於讓博物館的動物收藏品更親近大眾。過去幾十年來，諸如「數位形態學」(Digital Morphology) 等的研究計畫已經成立了像 digimorph.org 這樣的網站，讓一般大眾可瀏覽多達兆位元組的恐龍與現存動物的骨骼，由於電腦斷層掃描技術的成本變得愈來愈低廉，這類計畫也愈來愈多。華盛頓大學的亞當・薩默斯 (Adam Summers) 便領導一項「掃描所有脊椎動物」(scan all vertebrates) 的計畫，要替超過兩萬種鳥類、魚類、爬蟲類和哺乳類動物產出立體影像，這些標本現在正在博物館的標本架上，亞當要讓它們出現在網路上，免費給所有人觀看。此外，這些掃描影像不只顯示出骨骼構造，也包含了遍及全身的龐大網絡──心血管系統和神經系統。機器人學家已經開始運用亞當的掃描資料來設計水中機器人的四肢。

動物運動學研究將牽涉極為龐大的數位數據。照片的解析度若提高 1 倍，數據大小將會增加為 4 倍；但若是立體照片的解析度提高 1 倍，那麼數據大小則會增加為 8 倍。由於感測器變得愈來愈準確，數據大小的增加勢不可擋。沒錯，未來的挑戰不再如過去那樣在於如何取得數據，而是如何發展新方式來詮釋、儲存並與他人交流數據。

　　未來，動物運動的科學也會與其他領域結合，例如研究生物生長的發育生物學。發育生物學家主要關注的是模式生物，例如秀麗隱桿線蟲這種小型線蟲。這種生物繁殖速度快，容易在實驗室飼養，此外，這種線蟲的基因組有 35% 和人類的基因組密切相關，這樣的相似度使牠成為十分理想的實驗對象，用以測試希望用在人類身上的療法與藥物是否有效。為了判定藥物對秀麗隱桿線蟲的成效，科學家通常會在不同的環境中觀察牠們。賓州大學的機械工程學家保羅・阿拉蒂亞 (Paulo Arratia) 把秀麗隱桿線蟲放在黏滯程度不同的流體中，檢測牠們的游泳強度，藉以量化老化或藥物治療對秀麗隱桿線蟲的影響，這些發現最終會被用在人類身上。了解動物的運動是詮釋這類測試的關鍵。

　　隨著全世界人口的增長，動物運動對農牧業研究將日益重要。由於人類很有可能會繼續食用動物，研究動物運動便有助於促進動物福祉，以及劃定農牧業的底線。倫敦有位生物學家約翰・哈欽森 (John Hutchinson)，他研究的是一隻被他稱作「未來之雞」的豢養雞的生物力學。這隻豢養雞有個問題，那就是牠被繁殖成胸部長得太快，導致腿部肌肉的生長速度跟不上胸

部的生長速度，使得這隻雞連走路也沒辦法好好走，在生命的最後歲月，牠已經大到站不起來，只能坐著動也不能動。約翰用 X 光掃描雞隻，分析牠們走路的步態，他知道，生物力學未來將與農夫同心協力，以更人道的方式來繁殖雞隻。

我和我的研究生奧麗加‧希許柯夫 (Olga Shishkov) 一起在喬治亞理工學院的學生所創立的蛆蛆農場 (Grubbly Farms) 做研究。這座農場既沒有養牛，也沒有種玉米，而是充滿黑水虻的幼蟲。這種長得像蛆的小昆蟲是未來蛋白質永續來源的最佳候選者。這種幼蟲吃東西的速度很快，而且不挑食。現在，美國的餐廳與家庭每年會產生 10～20 億公噸的廚餘，令人難以想像。這座農場的發想是，幼蟲可以把這些廚餘吃掉，而這些蟲接著可以拿來餵雞、魚和其他重要的農業動物，這是個雙贏的局面，因為目前的廚餘最後都進了垃圾掩埋場，會汙染到地下水。飼養這些幼蟲的問題在於，研究人員還沒找到最理想的餵食和安置策略。幼蟲和雞或羊不同，牠們可以像花生一樣被擺放在三維空間中。我們正在研究牠們的運動如何影響進食的速率，而安置地點的形狀又會如何影響最大飼養量。這屬於「活流體」(active matter) 這個新興研究領域的範疇；在這個領域中，物理學家試圖運用類似熱力學的原理來預測群體的運動。

在這本書裡，我們已經看過動物運動對機器人學有何影響，像是受到水黽、水母、砂魚蜥等動物所啟發而創造出來的機器人。另一個崛起的新領域是軟機器人 (soft robot)，這類機器人主要是受到毛毛蟲的身體、大象的鼻子或章魚的觸手所啟發，其

中一項應用就是能安全地在人們身邊移動，尤其是老年人。光是日本，超過六十五歲的老年人就占了總人口的 25%，而這個比例預期在 2060 年會達到 40%。現今的工業機器人（例如汽車工廠所使用的機器人）無法滿足這些高齡族群的需求，因為它們的部件硬梆梆的，並以高扭力馬達分隔和操縱，被設計成在可預測的環境中重複做相同的工作，對這類機器人而言，人類周遭的環境太難預測了。軟機器人是幫人類刷牙或梳頭髮的唯一選項，如果出了錯，也不會有人受傷。

　　建造軟機器人的材料愈來愈多樣。有一種長得像鬼蝠魟的軟機器人便是使用基因改造過的老鼠肌肉組織所製成，能隨著閃光而收縮，這種軟機器人的肌肉是在矽膠模版內長成的，因此屬於由動物細胞和人造組件共同製成的「生物混合機器人」。別種軟機器人則結合了動物構造與摺紙，有一種機器蛇便使用了日本剪紙的原理，設計出可伸縮的腹部鱗片，幫助機器蛇抓緊地面。雖然有這些進展，仍需好一段時間，軟機器人才能被拿來應用在商業與工業上。不像堅硬的機器人，軟機器人還沒有一套基礎設計原理，但身體柔軟的動物或許能向我們揭示一些運作原理，來填補這個缺口。

　　機器人不只朝柔軟的方向發展而已，它們也變得愈來愈小。電腦時代之所以會到來，是因為微製程技術的進展，例如使用光束在電路板上刻蝕圖樣的光刻 (photolithography) 技術，這項技術現在也被用來製造小型移動機器人的組件。微型機器人 (micro-robot) 可以被應用在醫學上，例如讓病患吞下攝影機

膠囊；在軍事方面也有所應用，像是小型的偵查飛行機器人。
這些微型機器人無論是靠螺旋槳或者翅膀來飛行，都會遇到跟
昆蟲一樣的挑戰，它們的飛行速度必須夠快、要能應付迎面而
來的氣流、並能降落在各種表面上。我們得先深入了解昆蟲的
飛行──特別是昆蟲的視覺系統，這些機器昆蟲才能飛上天。

有些人或許會認為，讓機器人擁有跟動物一樣的移動能
力是有負面影響的。沒錯，展翅高飛的機器鳥唯妙唯肖，從遠
方很難判斷是真是假。史丹佛大學的馬克・庫特克斯基 (Mark
Cutkosky) 和麻省理工學院的羅斯・泰錐克 (Russ Tedrake) 等工
程學家正努力讓機器鳥能停在樹枝上，並賦予它們更多能力，
好在飛行時能操控自如，或能降落在戶外環境。當身邊的動物
盯著我們瞧時，我們通常不會多想什麼，可是，萬一是機器鳥
停在窗臺上，或是機器蒼蠅飛到書桌上，我們要如何確保個人
隱私？這些問題都很重大，隨著機器人變得愈來愈像動物，我
們也得要有對應的配套規範。美國的聯邦航空總署已經為無人
機制訂類似的規範，未來也可能會監督拍著翅膀的載具。

動物運動這門學問雖然前景光明，卻也有不少挑戰要克服。
生物學系有愈來愈多科學家在研究分子、細胞或系統生物學，
取代了傳統的生物學家，特別是那些研究整隻動物的運動的科
學家。現在的生物學家很可能花一輩子的時間研究特定的幾種
模式生物，例如老鼠、果蠅或線蟲。因此，自然界的生物多樣
性已經不像從前那樣被大規模地研究了。舉例來說，專門尋找、
辨識新物種的生物分類學家自己都快要「絕種」了，活躍的分

類學家愈來愈少，能訓練新世代分類學家的人也就更少了。為了讓這門學問繼續存在，分類學家開始使用遺傳學的工具來訓練下一代，讓他們更能融入現代生物學的圈子。如果沒有這些分類學家，將會愈來愈難看出人類對生物多樣性以及野外生物數量所造成的影響。

　　我和學生之間的通信往來談的常常是如何在動物運動學的領域找到就業機會。我自己在喬治亞理工學院的職位並沒有發出徵才廣告，而是特別為我創造的機械工程與生物學合聘職位。我有不少同事都是類似的狀況，他們得以在電腦科學、材料科學以及物理學等較廣的研究領域中行銷自己在動物運動學的研究興趣。

　　想要以整隻動物作為研究對象的人，也有其他安全的避風港可去。醫學院提供許多適合動物解剖學家的職位，因為解剖仍是教授人體結構的形態與功能的主要方法。獸醫學院也是解剖學家的大雇主，很少有其他地方會有這些觀察或解剖大型動物的大型設備。至於在沒有醫學院或獸醫學院的大專院校裡，生物學的核心課程並沒有把焦點放在解剖學上，而是比較注重遺傳學與分子生物學。在這些機構裡，研究者可以將對動物運動學的興趣連結到其他新興領域。

　　對動物運動科學有興趣的人，還可以替博物館、水族館和動物園工作。與我共事多年的喬‧孟德爾森 (Joe Mendelson) 是亞特蘭大動物園的研究主任，他的工作範疇橫跨多個部門，參與的研究主題從生物力學到保育都有。這些機構做研究的歷史很悠

久，也長期接待世界各地的參訪科學家來進行研究，此外，喬的
職位讓他能夠享受研究活體動物的樂趣。如果沒有和亞特蘭大動
物園那些知識淵博的員工合作，我有很多研究都不可能完成。

　　在協助動物運動這個研究領域的發展上，民眾也能扮演重
要的角色。根據聯合國教科文組織的數據，全世界共有七百萬
名科學家，等於是每一千人當中，就有一人是科學家，每個人
都有成為公民科學家的潛力，可為動物運動的研究貢獻數據。
許多人的手機都有一流的相機，世界各地的人會在社群媒體和
YouTube 這類的影片分享網站上交流自己看見的動物影像，這
對動物運動研究有深遠的影響，關於我那動物排尿的研究，很
多數據是來自公民科學家上傳到網路上的影片。在 2010 年的
「飛行藝術家」(Flight artists) 計畫中，荷蘭裔的機械工程學家
大衛・蘭蒂可 (David Lentink) 出借數架高速攝影機給荷蘭公民
拍攝鳥類和昆蟲的飛行影像。康乃爾大學的鳥類學實驗室也研
發了一款極成功的手機應用程式，讓賞鳥人士獲益匪淺，民眾
可以輸入自己看到的鳥類，這款應用程式就會自動估算這種鳥
在全美各地的分布狀況，這些都是群眾外包的絕佳例子。志工
永遠也不嫌多，你可以主動聯繫當地的動物園、自然史博物館
或大學教授，詢問你能如何提供協助。

　　亞里斯多德認為，動物體內因為存在著靈魂牠們才能活著。這個概念稱作生機論，現在已經沒有人相信，因為人們比較傾向決定論的說法，認為動物就只是由各個可以順利運作的生物部位所組成的高度複雜系統。事實上，現代生物學的其中一項成就，就是證實所有的生命皆由細胞所組成，而細胞則是由分子所組成。倘若動物就只是一種極其複雜的機器，那麼我們人類也是，因此，我們所做的一切事物可能會在未來某一天以無生命的零件複製出來。我們要做到這點，還有很長的路要走，但讀完本書，你已經邁出了自己的一步，更了解生命為何如此奇妙。我希望你會同意，理解可以在不損及美感的情況下帶來欣賞。許多人認為，當我們拆解某個事物之後，它就沒那麼美了，但我相信，那些人只是還沒有機會來到這一頭，在我的、而現在也成了你的處境下體會；在這一頭，試著了解事物會給你一種神祕的喜悅感，甚至能讓你更加欣賞周遭的世界。雖然本書就到這裡結束，但我希望你能開始用一點不一樣的眼光來看待這個世界，以及身在其中的動物，隨時注意細節，對陌生和美好的事物敞開心胸，並永遠抱持好奇心。

參考書目

引言

Dickerson, Andrew K., Zachary G. Mills, and David L. Hu. 2012. "Wet Mammals Shake at Tuned Frequencies to Dry." *Journal of the Royal Society Interface* 9 (77):3208–18.

Fish, Frank E. 2006. "The Myth and Reality of Gray's Paradox: Implication of Dolphin Drag Reduction for Technology." *Bioinspiration and Biomimetics* 1 (2):R17.

Gray, J. 1957. "How Fishes Swim." *Scientific American* 197 (August):48－54.Thompson, D. W. 1942. *On Growth and Form*. Cambridge University Press.

第一章

Barthlott, Wilhelm, and Christoph Neinhuis. 1997. "Purity of the Sacred Lotus, or Escape from Contamination in Biological Surfaces." *Planta* 202 (1): 1–8.

Bush, John W. M., and David L. Hu. 2006. "Walking on Water: Biolocomotion at the Interface." *Annual Review of Fluid Mechanics* 38:339–69.

Bush, John W. M., David L. Hu, and Manu Prakash. 2007. "The Integument of Water-Walking Arthropods: Form and Function." In *Advances in Insect Physiology*, edited by J. Casas and S. J. Simpson, 34:117－92. Academic Press.

Hu, David L., Brian Chan, and John W. M. Bush. 2003. "The Hydrodynamics of Water Strider Locomotion." *Nature* 424 (6949):663–66.

Koh, Je-Sung, Eunjin Yang, Gwang-Pil Jung, Sun-Pill Jung, Jae Hak Son, Sang-Im Lee, Piotr G. Jablonski, Robert J. Wood, Ho-Young Kim, and Kyu-Jin Cho. 2015. "Jumping on Water: Surface Tension-Dominated Jumping of Water Striders and Robotic Insects." *Science* 349 (6247):517.

Van Dyke, Milton. 1982. *An Album of Fluid Motion*. Parabolic Press.

Wang, Qianbin, Xi Yao, Huan Liu, David Quéré, and Lei Jiang. 2015. "Self-Removal of Condensed Water on the Legs of Water Striders." *Proceedings of the National Academy of Sciences of the United States of America* 112 (30):9247–52.

第二章

Darwin, Charles, and Francis Darwin. 1898. *The Formation of Vegetable Mould through the Action of Worms*. D. Appleton.

Dorgan, Kelly M., Sanjay R. Arwade, and Peter A. Jumars. 2008. "Worms as Wedges: Effects of Sediment Mechanics on Burrowing Behavior." *Journal of Marine Research* 66 (2):219–54.

Gettelfinger, Brian, and E. L. Cussler. 2004. "Will Humans Swim Faster or Slower in Syrup?" *AIChE Journal* 50 (11): 2646–47.

Hu, David L., Jasmine Nirody, Terri Scott, and Michael J. Shelley. 2009. "The Mechanics of Slithering Locomotion." *Proceedings of the National Academy of Sciences* 106 (25):10081.

Jones, William J., Shannon B. Johnson, Greg W. Rouse, and Robert C. Vrijenhoek. 2008. "Marine Worms (Genus *Osedax*) Colonize Cow Bones." *Proceedings of the Royal Society B: Biological Sciences* 275 (1633):387–91.

Li, Chen, Paul B. Umbanhowar, Haldun Komsuoglu, Daniel E. Koditschek, and Daniel I. Goldman. 2009. "Sensitive Dependence of the Motion of a Legged Robot on Granular Media." *Proceedings of the National Academy of Sciences* 106 (9):3029.

Maladen, Ryan D., Yang Ding, Chen Li, and Daniel I. Goldman. 2009. "Undulatory Swimming in Sand: Subsurface Locomotion of the Sadfish Lizard." *Science* 325 (5938):314–18.

Quillin, K. J. 2000. "Ontogenetic Scaling of Burrowing Forces in the Earthworm *Lumbricus terrestris*." *Journal of Experimental Biology* 203 (18):2757–70.

第三章

Dabiri, John O., S. P. Colin, K. Katija, and John H. Costello. 2010. "A Wake- based Correlate of Swimming Performance and Foraging Behavior in Seven Co-occurring Jellyfish Species." *Journal of Experimental Biology* 213 (8):1217–25.

Dabiri, John O., and Morteza Gharib. 2005. "The Role of Optimal Vortex Formation in Biological Fluid Transport." *Proceedings of the Royal Society B: Biological Sciences* 272 (1572):1557.

Garcia, Guilherme J. M., and Jefferson Kamphorst Leal da Silva. 2006. "Interspecific Allometry of Bone Dimensions: A Review of the Theoretical Models." *Physics of Life Reviews* 3 (3):188–209.

Gharib, Morteza, Edmond Rambod, and Karim Shariff. 1998. "A Universal Time Scale for Vortex Ring Formation." *Journal of Fluid Mechanics* 360:121–40.

Haldane, John B. S. 1926. "On Being the Right Size." *Harper's Magazine* 152 (March):424–27.

Holden, Daniel, John J. Socha, Nicholas D. Cardwell, and Pavlos P. Vlachos. 2014, "Aerodynamics of the Flying Snake Chrysopelea paradisi: How a Bluff Body Cross-sectional Shape Contributes to Gliding Performance." *Journal of Experimental Biology* 217 (3):382–94.

Ruiz, Lydia A., Robert W. Whittlesey, and John O. Dabiri. 2011. "Vortex-Enhanced Propulsion." *Journal of Fluid Mechanics* 668:5–32.

Schmidt-Nielsen, Knut. 1984. *Scaling, Why Is Animal Size So Important?* Cambridge University Press.

Vogel, Steven. 2003. *Comparative Biomechanics: Life's Physical World.* Princeton University Press.

Yang, Patricia J., Jonathan Pham, Jerome Choo, and David L. Hu. 2014. "Duration of Urination Does Not Change with Body Size." *Proceedings of the National Academy of Sciences* 111 (33):11932–37.

第四章

Amador, Guillermo J., and David L. Hu. 2015. "Cleanliness Is Next to Godliness· Mechanisms for Staying Clean." *The Journal of Experimental Biology* 218 (20):3164.

Amador, Guillermo J., Wenbin Mao, Peter DeMercurio, Carmen Montero, Joel Clewis, Alexander Alexeev, and David L. Hu. 2015. "Eyelashes Divert Airflow to Protect the Eye." *Journal of the Royal Society Interface* 12 (105):20141294,

Levy, Y., N. Segal, D. Ben-Amitai, and Y. L. Danon. 2004. "Eyelash Length in Children and Adolescents with Allergic Diseases." *Pediatric Dermatology* 21 (5): 534–37.

Oeffner, Johannes, and George V. Lauder. 2012. "The Hydrodynamic Function of Shark Skin and Two Biomimetic Applications." *Journal of Experimental Biology* 215 (5):785–95.

Reif, W. 1985. *Squamation and Ecology of Sharks.* Senckenbergische Natur forschende Gesellschaft.

Wen, Li, James C. Weaver, and George V. Lauder. 2014. "Biomimetic Shark Skin: Design, Fabrication and Hydrodynamic Function." *Journal of Experimental Biology* 217 (10):1656–66.

第五章

Collins, Steve, Andy Ruina, Russ Tedrake, and Martijn Wisse. 2005. "Efficient Bipedal Robots Based on Passive-Dynamic Walkers." *Science* 307 (5712):1082.

Collins, Steven H., M. Bruce Wiggin, and Gregory S. Sawicki. 2015. "Reducing the Energy Cost of Human Walking Using an Unpowered Exoskeleton." *Nature* 522 (7555):212–15.

Dickinson, Michael H., Claire T. Farley, Robert J. Full, M.A.R. Koehl, Rodger Kram, and Steven Lehman. 2000. "How Animals Move: An Integrative View." *Science* 288 (5463):100.

Liao, James C., David N. Beal, George V. Lauder, and Michael S. Triantafyllou. 2003. "Fish Exploiting Vortices Decrease Muscle Activity." *Science* 302 (5650):1566–69.

Matthis, Jonathan Samir, and Brett R. Fajen. 2013. "Humans Exploit the Biomechanics of Bipedal Gait During Visually Guided Walking over Complex Terrain." *Proceedings of the Royal Society B: Biological Sciences* 280 (1762):20130700.

Roberts, Thomas J., Richard L. Marsh, Peter G. Weyand, and C. Richard Taylor. 1997. "Muscular Force in Running Turkeys: The Economy of Minimizing Work." *Science* 275 (5303):1113.

第六章

Dickerson, Andrew K., Peter G. Shankles, Nihar M. Madhavan, and David L. Hu. 2012. "Mosquitoes Survive Raindrop Collisions by Virtue of Their Low Mass." *Proceedings of the National Academy of Sciences* 109 (25):9822–27.

Foster, D. J. and R. V. Cartar. 2011. "What Causes Wing Wear in Foraging Bumble Bees? *Journal of Experimental Biology* 214(11): 1896–1901.

Jayaram, Kaushik, and Robert J. Full. 2016. "Cockroaches Traverse Crevices, Crawl Rapidly in Confined Spaces, and Inspire a Soft, Legged Robot." *Proceedings of the National Academy of Sciences* 113 (8):E950–57.

Mountcastle, Andrew M., and Stacey A. Combes. 2013. "Wing Flexibility Enhances Load-Lifting Capacity in Bumblebees." *Proceedings of the Royal Society B: Biological Sciences* 280 (1759).

Mountcastle, Andrew M., and Stacey A. Combes. 2014. "Biomechanical Strategies for Mitigating Collision Damage in Insect Wings: Structural Design versus Embedded Elastic Materials." *Journal of Experimental Biology* 217 (7):1108.

第七章

Chang, Song, and Z. Jane Wang. 2014. "Predicting Fruit Fly's Sensing Rate with Insect Flight Simulations." *Proceedings of the National Academy of Sciences* 111 (31):11246–51.

Cowan, Noah J., Jusuk Lee, and R. J. Full. 2006. "Task-level Control of Rapid Wall Following in the American Cockroach." *Journal of Experimental Biology* 209 (9):1617–29.

Grillner, Sten. 1996. "Neural Networks for Vertebrate Locomotion." *Scientific American* 274 (1):64–69.

Ijspeert, Auke Jan, Alessandro Crespi, Dimitri Ryezko, and Jean-Marie Cabelguen. 2007. "From Swimming to Walking with a Salamander Robot Driven by a Spinal Cord Model." *Science* 315 (5817):1416–20.

Lee, Jusuk, Simon N. Sponberg, Owen Y. Loh, Andrew G. Lamperski, Robert J. Full, and Noah J. Cowan. 2008. "Templates and Anchors for Antenna-based Wall Following in Cockroaches and Robots." *IEEE Transactions on Robotics* 24 (1):130–43.

Muijres, Florian T., Michael J. Elzinga, Johan M. Melis, and Michael H. Dickinson. 2014. "Flies Evade Looming Targets by Executing Rapid Visually Directed Banked Turns." *Science* 344 (6180):172–77.

Ristroph, Leif, Attila J. Bergou, Gunnar Ristroph, Katherine Coumes, Gordon J. Berman, John Guckenheimer, Z. Jane Wang, and Itai Cohen. 2010. "Discovering the Flight Autostabilizer of Fruit Flies by Inducing Aerial Stumbles." *Proceedings of the National Academy of Sciences* 107 (11):4820.

Wang, Z. Jane. 2000. "Vortex Shedding and Frequency Selection in Flapping Flight." *Journal of Fluid Mechanics* 410:323–41.

第八章

Garnier, Simon, Jacques Gautrais, and Guy Theraulaz. 2007. "The Biological Principles of Swarm Intelligence." *Swarm Intelligence* 1 (1):3–31.

Mlot, Nathan J., Craig A. Tovey, and David L. Hu. 2011. "Fire Ants Self-assemble into Waterproof Rafts to Survive Floods." *Proceedings of the National Academy of Sciences* 108 (19):7669–73.

Parrish, Julia K., and Leah Edelstein-Keshet. 1999. "Complexity, Pattern, and Evolutionary Trade-Offs in Animal Aggregation." *Science* 284 (5411):99.

Reid, Chris R., Matthew J. Lutz, Scott Powell, Albert B. Kao, Iain D. Couzin, and Simon Garnier. 2015. "Army Ants Dynamically Adjust Living Bridges in Response to a Cost-Benefit Trade-off." *Proceedings of the National Academy of Sciences* 112 (49):15113–18.

Rubenstein, Michael, Alejandro Cornejo, and Radhika Nagpal. 2014. "Programmable Self-Assembly in a Thousand-Robot Swarm." *Science* 345 (6198):795–99.

Sumpter, D.J.T. 2006. "The Principles of Collective Animal Behaviour." *Philosophical Transactions of the Royal Society B: Biological Sciences* 361 (1465):5.

Yim, M., W.-m. Shen, B. Salemi, D. Rus, M. Moll, H. Lipson, E. Klavins, and G.S. Chirikjian. 2007. "Modular Self-Reconfigurable Robot Systems [Grand Challenges of Robotics]." *IEEE Robotics and Automation Magazine* 14 (1):43–52.

結語

Amador, Guillermo J., and David L. Hu. 2015. "Cleanliness Is Next to Godliness: Mechanisms for Staying Clean." *Journal of Experimental Biology* 218 (20):3164–74.

Brainerd, Elizabeth L., David B. Baier, Stephen M. Gatesy, Tyson L. Hedrick, Keith A. Metzger, Susannah L. Gilbert, and Joseph J. Crisco. 2010. "X-Ray Reconstruction of Moving Morphology (KROMM): Precision, Accuracy and Applications in Comparative Biomechanics Research." *Journal of Experimental Zoology Part A: Ecological Genetics and Physiology* 313A (5):262–79.

Chittka, Lars, and Jeremy Niven. 2009. "Are Bigger Brains Better?" *Current Biology* 19 (21):R995–R1008.

Hu, David L. 2016. Confessions of a Wasteful Scientist. *Scientific American*. (Guest blog.)

Khurram, Abeer, Shani E. Ross, Zachariah J. Sperry, Aileen Ouyang, Christopher Stephan, Ahmad A. Jiman, and Tim M. Bruns. 2017. "Chronic Monitoring of Lower Urinary Tract Activity via a Sacral Dorsal Root Ganglia Interface." *Journal of Neural Engineering* 14 (3): 036027.

Kim, Sangbae, Cecilia Laschi, and Barry Trimmer. 2013. "Soft Robotics: A Bioinspired Evolution in Robotics." *Trends in Biotechnology* 31 (5):287–94.

Ma, Kevin Y., Pakpong Chirarattananon, Sawyer B. Fuller, and Robert J. Wood. 2013. "Controlled Flight of a Biologically Inspired, Insect-Scale Robot." *Science* 340 (6132):603.

Park, Sung-Jin, Mattia Gazzola, Kyung Soo Park, Shirley Park, Valentina Di Santo, Erin L. Blevins, Johan U. Lind, et al. 2016. "Phototactic Guidance of a Tissue-Engineered Soft-Robotic Ray." *Science* 353 (6295):158.

Rus, Daniela, and Michael T. Tolley. 2015. "Design, Fabrication and Control of Soft Robots." *Nature* 521 (May):467.

Schwenk, Kurt, Dianna K. Padilla, George S. Bakken, and Robert J. Full. 2009. "Grand Challenges in Organismal Biology." *Integrative and Comparative Biology* 49 (1):7–14.

Versteegden, Luuk R., Kenny A. van Kampen, Heinz P. Janke, Dorien M. Tiemessen, Henk R. Hoogenkamp, Theo G. Hafmans, Edwin A. Roozen, et al. 2017. "Tubular Collagen Scaffolds with Radial Elasticity for Hollow Organ Regeneration." *Acta Biomaterialia* 52:1–8.

名詞索引

人名

三劃

D・W・貝赫特　D. W. Bechert　112–114
J・B・S・霍爾丹　J.B.S. Haldane　88

三劃

大衛・比爾　David Beal　148–150
大衛・蘭蒂可　David Lentink　238

四劃

丹尼爾・科德舒克　Daniel Koditschek　61–62, 167
丹努夏・佛絲特　Danusha Foster　157
丹・高德曼　Dan Goldman　52–60, 62, 64
內森・姆洛　Nathan Mlot　201
戈登・柏曼　Gordon Berman　177
文力　Li Wen　121–124
牛頓　Isaac Newton　139
王崢　Jane Wang　172–178

五劃

卡卡尼・卡蒂賈　Kakani Katija　76, 80
卡雷爾・恰佩克　Karel Čapek　12
卡爾・薩根　Carl Sagan　11
史考特・包威爾　Scott Powell　208–212
史坦・葛利勒　Sten Grillner　187–191
史提夫・切德利斯　Steve Childress　173
史提夫・柯林斯　Steve Collins　134, 136–139, 142–146, 153
史提夫・蓋茨　Steve Gatesy　231
史黛西・孔貝　Stacey Combes　157–161
尼格爾・弗蘭克斯　Nigel Franks　209
布萊士・帕斯卡　Blaise Pascal　73
布魯斯・維京　Bruce Wiggin　134
弗里茨・溫克勒　Fritz Winkler　57
弗洛里安・穆伊赫斯　Florian Muijres　174
弗朗切斯科・雷迪　Francesco Redi　151

六劃

伊太・柯恩　Itai Cohen　175
伊莉莎白・泰勒　Elizabeth Taylor　99
吉列爾梅・加西亞　Guilherme Garcia　76
吉米・馬克圭爾　Jimmy McGuire　85
吉耶摩・阿瑪多　Guillermo Amador　101
安卓・卯卡梭　Andrew Mountcastle　157–161
安卓・狄克森　Andrew Dickerson　2, 154–156
安東尼・布倫南　Anthony Brennan　125
安迪・魯伊納　Andy Ruina　29, 137–139, 141–142, 145
朱利安・赫胥黎　Julian Huxley　75
艾力克斯・阿列克謝耶夫　Alex Alexeev　100, 101, 104
艾華・克斯勒　Ed Cussler　60
西里爾・欣謝爾伍德　Cyril Hinshelwood　106

七劃

伽利略　Galileo　75
余書克・李　Jusuk Lee　180–183
克里帕・瓦拉納西　Kripa Varanasi　33
克里斯多福・奈胡司　Christoph Neinhuis　33
克里斯・瑞德　Chris Reid　208–212, 附圖12
克里斯蒂安・惠更斯　Christiaan Huygens　195
希拉・帕特克　Sheila Patek　227
李奧納多・達文西　Leonardo da Vinci　6, 7
沃芬斯特・海夫　Wolf-Ernst Reif　111
貝絲・布雷納德　Beth Brainerd　231

八劃

亞力坎・德米爾　Alican Demir　184
亞倫・阿諾德・格里菲斯　Alan Arnold Griffith　50
亞提拉・貝爾古　Attila Bergou　177
亞當・薩默斯　Adam Summers　232
尚恩・柯林　Sean Colin　76, 80
尚・蒙吉　Jean Mongeau　184
帕夫洛斯・維拉霍斯　Pavlos Vlachos　95

彼得・莫枯修　Peter Mercutio　98
松本聖治　Seiji Matsumoto　228
法嚴　Fajen　129
阿嘉莎・克莉絲蒂　Agatha Christie　11
阿爾伯托・費南迪茲－尼爾維斯　Alberto
Fernandez-Nieves　204
阿碧兒・庫蘭姆　Abeer Khurram　229

九劃
保羅・阿拉蒂亞　Paulo Arratia　233
保羅・柏克梅爾　Paul Birkmeyer　167
保羅・浩爾　Paul Howell　155
哈里・史溫尼　Harry Swinney　57
哈博德・埃傑頓　Harold Edgerton　8–9
威廉・巴斯洛特　Wilhelm Barthlott　33
威廉・蘭金　William Rankine　77
約翰內斯・歐夫納　Johannes Oeffner　114–119
約翰・布希　John Bush　20, 23, 27
約翰・哈欽森　John Hutchinson　233
約翰・威爾森　John Wilson　141
約翰・達比里　John Dabiri　76–83

十劃
泰德・帕本法斯　Ted Papenfuss　53–56
海柯・瓦勒利　Haike Vallery　17
馬汀・維斯　Martijn Wisse　142
馬克・丹尼　Mark Denny　22–24
馬克・庫特克斯基　Mark Cutkosky　236
馬克・嚴　Mark Yim　224
馬提斯　Matthis　129
高什克・賈拉雅姆　Kaushik Jarayam　162–171

十一劃
莉蒂雅・魯伊斯　Lydia Ruiz　83
麥可・古迪斯曼　Mike Goodisman　201
麥可・雪萊　Mike Shelley　34, 41–42
麥可・魯賓斯坦　Mike Rubenstein　213–223
麥克・坦恩鮑姆　Mike Tennenbaum　204

十二劃
傑克・科斯特洛　Jack Costello　76, 80
傑克・索哈　Jake Socha　84–93, 95
凱莉・多甘　Kelly Dorgan　45–52, 附圖 5
喬・孟德爾森　Joe Mendelson　237
喬治・凱利　George Cayley　94
喬治・勞德　George Lauder　110–111, 114–124, 147
湯尼・歐當姆普西　Tony O'Dempsey　89
湯姆・張　Tom Chong　90
湯姆・羅伯茲　Tom Roberts　133
湯瑪斯・麥馬漢　Thomas McMahon　75
華特・摩梭爾　Walter Mosauer　37
萊夫・黎斯特洛夫　Leif Ristroph　175–177
萊恩・馬拉登　Ryan Maladen　56
萊特兄弟　Wright Brothers　176
費奧多爾・布利諾夫　Fyodor Blinov　61
費歐娜・費爾斯特　Fiona Fairhurst　114

十三劃
塔拉・馬吉尼斯　Tara Maginnis　164
塔德・麥基爾　Tad McGeer　141
奧麗加・希許柯夫　Olga Shishkov　233
楊佩良　Patricia Yang　69–70, 74
溫蒂・卓　Wendy Toh　90
葛雷格・薩維奇基　Greg Sawicki　126–136, 146, 153
詹姆斯・格雷爵士　Sir James Gray　8, 37, 230
詹姆斯・萊特希爾爵士　Sir James Lighthill　8
詹姆斯・坦戈拉　James Tangorra　116
賈斯汀・維爾費爾　Justin Werfel　224
路易・巴斯德　Louis Pasteur　12
路德維希・普朗特　Ludwig Prandtl　106, 147
達西・湯普森　D'Arcy Thompson　7–8
達爾文　Charles Darwin　8, 46
達德利・赫施巴赫　Dudley Herschbach　66
雷夫・卡他　Ralph Cartar　157

十四劃

廖健男　Jimmy Liao　146–153

「瘋子」喬治・韓德森　Krazy George Henderson　188

榮恩・海耶爾　Ron Heyer　87

榮恩・費林　Ron Fearing　167

十五劃

歐克・艾史皮爾特　Auke Ijspeert　186–197

鄧肯・伊爾斯克　Duncan Irschick　230

十六劃

盧克・維斯德根　Luuk Versteegden　229

盧・柏奈特　Lou Bernett　227

穆理・賈瑞柏　Mory Gharib　82

諾亞・考恩　Noah Cowan　179–185

諾曼・林　Norman Lim　90

鮑勃・弗爾　Bob Full　167, 180, 184

十七劃

戴維・史密斯　Dave Smith　33

蕾狄卡・納格帕　Radhika Nagpal　213, 224

十九劃

羅伯特・威圖斯　Robert Whittlesey　83

羅伯特・派特森　Robert Paterson　108

羅伯特・書特　Robert Suter　23

羅伯特・達德利　Robert Dudley　85

羅斯・泰錐克　Russ Tedrake　236

二十四劃

讓－馬里・卡貝古昂　Jean-Marie Cabelguen　193–194

讓・勒朗・達朗貝爾　Jean le Rond d'Alembert　105–106

地名

厄齊康郡（緬因州）　Edgecombe (ME)　45

巴羅科羅拉多島（巴拿馬）　Barro Colorado Island (Panama)　208

瓦爾登湖（麻薩諸塞州）　Walden Pond (MA)　20

伊朗沙漠　Iran desert　53

伊薩卡（紐約州）　Ithaca (NY)　137

波士頓（麻薩諸塞州）　Boston (MA)　110, 121, 201

波啟普夕（紐約州）　Poughkeepsie (NY)　23

長島（紐約州）　Long Island (NY)　35, 127

約克鎮（維吉尼亞州）　Yorktown (VA)　47

格林威治村（紐約州）　Greenwich Village (NY)　35

紐約市（紐約州）　New York City (NY)　14, 34, 35

梭米爾河（紐約州）　Sawmill River (NY)　146

莫比爾港（阿拉巴馬州）　Mobile (AL)　199

斯德哥爾摩（瑞典）　Stockholm (Sweden)　187

普萊森特維爾（紐約州）Pleasantville　146

華森頓（賓夕法尼亞州）　Watsontown (PA)　141

愛丁堡（蘇格蘭）　Edinburgh (Scotland)　187

新加坡雨林　Singapore rainforest　12, 84

聖胡安群島（華盛頓州西雅圖）　San Juan Islands (Seattle, WA)　76

聖泰爾（法國）　Saint Terre　186

潘特納爾濕地（巴西）　Pantanal of Brazil　199

機構

四劃

牛津大學（英國）　Oxford University　173

五劃

加利福尼亞大學柏克萊分校　University of California, Berkeley　52, 163, 167, 180

加利福尼亞大學聖塔克魯茲分校　University of California, Santa Cruz　47

北卡羅來納州立大學　North Carolina State University　126

卡爾加里大學　University of Calgary　157

卡羅琳醫學院（瑞典）　Karolinska Institute　187

史丹佛大學　Stanford University　22, 236

布朗大學　Brown University　133, 231

瓦薩學院　Vassar College　23

六劃

印度理工學院孟買校區　Indian Institute of Technology Bombay (IITB)　164

西門菲莎大學（加拿大）　Simon Fraser University 141

七劃
佛羅里達大學　University of Florida 125
克雷數學研究所　Clay Mathematics Institute 173
杜克大學　Duke University 227

八劃
亞特蘭大動物園　Atlanta Zoo 2, 69, 99, 237
明尼蘇達大學　University of Minnesota 60
波爾多大學（法國）　Bordeaux University 193
芝加哥大學　University of Chicago 84, 173

九劃
哈佛大學　Harvard University 66, 110, 146, 213, 224
哈佛大學比較動物學博物館　Harvard Museum of Comparative Zoology 115, 147
星期五港海洋實驗室　Friday Harbor Marine Labs 79
柏克萊脊椎動物學博物館　Museum of Vertebrate Zoology, Berkeley's 53
柏林皇家科學院　Royal Academy of Sciences of Berlin 105
洛桑聯邦理工學院（瑞士）　École polytechnique fédérale de Lausanne, EPFL 190
科朗數學研究所　Courant Institute of Mathematical Sciences 34, 42
約翰・霍普金斯大學　Johns Hopkins University 179
美國自然史博物館　American Museum of Natural History 98
美國海軍官校　US Naval Academy 207

十劃
倫敦科學博物館　Science Museum, London 94
埃傑頓中心　Edgerton Center 23
疾病管制中心　Centers for Disease Control (CDC) 137–139
紐約大學　New York University 34, 35, 173
紐澤西理工學院　New Jersey Institute of Technology 208

十一劃
國防高等研究計劃署　Defense Advanced Research Projects Agency (DARPA) 167
國際游泳總會　International Swimming Federation 114
密西根大學　University of Michigan 128, 167, 229
康乃爾大學　Cornell University 121, 137, 172
康乃爾鳥類學實驗室　Cornell Lab of Ornithology 238
推進科技學院（德國）　Institute of Propulsion Technology 112
蛆蛆農場　Grubbly Farms 234
麻省大學　University of Massachusetts 230
麻省理工學院　Massachusetts Institute of Technology (MIT) 33, 35, 148, 236
麻省理工應用數學實驗室　MIT Applied Mathematics Lab 23

十二劃
喬治亞理工學院　Georgia Tech 56, 100, 155, 201, 234, 237
喬治華盛頓大學　George Washington University 208
華盛頓大學　University of Washington 232

十三劃
愛丁堡大學　University of Edinburgh 186
新加坡大學　University of Singapore 90
新加坡動物園　Singapore Zoo 84

十四劃
維吉尼亞理工學院　Virginia Tech 95
賓州大學　University of Pennsylvania 224, 233

十五劃
德州大學奧斯汀分校　University of Texas at Austin 54, 85
緬因大學　University of Maine 45

十七劃
聯邦航空總署　Federal Aviation Administration 236

動物

二劃

七鰓鰻　lamprey 185–194

入侵紅火蟻　*Solenopsis invicta* (fire ants) 附圖10

三劃

大象　elephant 4, 70–72, 74–76, 235, 附圖6

山羊　goat 70–71, 99, 附圖7

四劃

天堂金花蛇　paradise tree snake (*Chrysopelea paradisi*) 84–93, 96

巴拿馬金蛙　Panamanian golden frog (*Atelopus zeteki*) 230

水上行走昆蟲　water treaders／water-walkers 5

水母　jellyfish 76–83

　Leuckartiara 78, 79

　Melicertum 79

　Mitrocoma 79

　Neotourris 78, 79

　Phialidium 79

　Sarsia 79, 82

　多管水母　*Aequorea* 78, 79

水蛛　water spider 23, 附圖3

水黽　water strider (*Gerris remigis*) 5–7, 13–15, 18–34, 64, 105, 附圖 2、4

　海南巨黽蝽　*Gigantometra gigas* 28

水蝽屬　*Velia* 5

火雞　turkey 133

火蟻　fire ant 198–208

五劃

巨蚺　boa constrictor 36

玉米蛇　corn snake 36, 40–43

白斑角鯊　spiny dogfish shark 116

白蟻　termite 224

六劃

多毛綱　polychaetes 46–52, 附圖5

尖吻鯖鯊　mako shark (*Isurus oxyrinchus*) 110–112, 114, 118, 121

行軍蟻　army ant 208–213

七劃

沙蠶（海生蠕蟲）　*Nereis virens* (marine worm) 49

秀麗隱桿線蟲　*Caenorhabditis elegans* (*C. elegans*) 34, 233

八劃

刺蝟　hedgehog 99

拉布拉多犬　Labrador retriever 46, 附圖1

果蠅　fruit fly 12, 16, 172–178

狗　dog 1–2, 4

金花蛇（飛蛇）　*Chrysopelea* (flying snake) 84–93, 96

長頸鹿　giraffe 99

九劃

砂魚蜥　sandfish (*Scincus scincus*) 53–60

美洲蟑螂　American cockroach (*Periplaneta americana*) 163–170, 179–185

胡蜂　yellow jacket wasp 159–162

飛蛇　flying snake 84–93, 96

飛蛙　flying tree frog 85–87

飛蜥（綠色蜥蜴）　*Draco* (green lizard) 85

食骨蠕蟲屬　*Osedax* 52

十劃

海豚　dolphin 8, 112

窄頭雙髻鯊　*Sphyrna tiburo* 122

蚊子　mosquito 154–157, 附圖 9

鬼針游蟻（行軍蟻）　*Eciton burchellii* (army ant) 208–213

十一劃

蛇　snake　35–45, 84–93, 96
　天堂金花蛇　paradise tree snake (*Chrysopelea paradisi*) 84–93, 96
　巨蚺　boa constrictor　36
　玉米蛇　corn snake　36, 40–43
　細盲蛇　thread snake　36
　園丁蛇　garter snake　36
　網紋蟒　reticulated python　36

十二劃

無頭麥克　Headless Mike　192
黑水虻　black soldier fly　234

十三劃

蜂鳥　hummingbird　26
電鰩　electric ray fish　151
鼠鯊　porbeagle　114

十四劃

熊蜂　bumblebee　157–159, 161
綠雙冠蜥　basilisk lizard (Jesus Christ lizard) 6, 26

十五劃

歐非肋突螈　*Pleurodeles waltl* (red-eyed newt) 193
編織蟻　weaver ant　附圖12
蝦子　shrimp　227
蝦蛄　mantis shrimp　227

十六劃

螞蟻　ant　5, 17, 62, 102, 198–213
駱駝　camel　104

十七劃

蟑螂　cockroach　163–170, 179–185
鮪魚　tuna　59

十八劃

鯊魚　shark　110–125
　白斑角鯊　spiny dogfish shark　116
　尖吻鯖鯊　mako shark (*Isurus oxyrinchus*) 110–112, 114, 118, 121

　窄頭雙髻鯊　*Sphyrna tiburo* 122
　鼠鯊　porbeagle　114

十九劃～

藤壺　barnacle　109
蠕蟲　worm　44–52
鼯鼠　flying squirrel　86–87
鱒魚　trout　146–152
鑽洞動物　burrowers　45

機器人

ASIMO（本田汽車的步行機器人）　28, 138–139, 145
RHex (running hexapod)（會跑的六足機器人）61–64, 167
千位機器人　Kilobot robot 214–224
六足機器人　hexapedal robot 61–64, 167–170
牙刷機器人　bristlebot 216
生物混合機器人　biohybrids (robot) 17, 235
步行機器人　walking robot 10, 28, 137–139, 141–146
沙地機器人　Sandbot 62–64
足式機器人　legged robot 13, 137, 167
兩棲機器人　Amphibot (lamprey-inspired robot) 190–196
具關節機構之可壓縮機器人　CRAM robot (compressible robot with articulated mechanisms) 169
協作式機器人　cooperative robot 214
動態自主式爬行六足機器人　Dynamic Autonomous Sprawled Hexapod (DASH) 167–168
康乃爾漫遊者　Cornell Ranger 137
軟機器人　soft robot 234
微型機器人　micro-robot 235
模組機器人　modular robot 214, 224
機器水黽　Robostrider 28–32
機器鮪魚二代　Robotuna II 148
機器蠑螈　Salamandra robotica (salamander robot) 195–197

專有名詞

《生長與形態》（湯普森）　*On Growth and Form* (Thompson)　7

《波麗露》（拉威爾）　*Bolero* (Ravel)　100

《阿達一族》（動畫）　*The Addams Family*　115

《科學人》（雜誌）　*Scientific American*　186

《國家地理雜誌》　*National Geographic*　101

《游泳與飛行的力學》（切爾德利斯）　*The Mechanics of Swimming and Flying* (Childress)　173

《福斯與好朋友》（電視節目）　*Fox and Friends*　226, 227

《蠕蟲如何形成腐植土》（達爾文）　*The Formation of Vegetable Mould through the Action of Worms* (Darwin)　46

3D列印　3D printing　120–124

Crystalbond（一種熱熔膠）　160

MS–222（一種魚類的麻醉劑）　MS–222　151, 152, 187

robota（捷克劇作家恰佩克所發明的詞彙）　12

X光移動形態學重建技術　X-ray Reconstruction of Moving Morphology (XROMM)　231–232

YouTube（網路影音平臺）　YouTube　238

Zectron（一種極具彈性的物質）　Zectron　162

二劃

二維問題　two-dimensional problem　142, 149, 175

人體結構　human anatomy　237

三劃

三仙膠　xanthan gum　48

三足交替步法　alternating tripod gait　62

四劃

中樞模式發生器　central pattern generator (CPG)　185, 188–197

丹尼悖論　Denny's Paradox　23

公民科學家　citizen scientist　238

分析天平　analytical balance　102

分散控制　distributed control　207

分碼多重進接　code division multiple access (CDMA)　220

天擇　natural selection　8

尺度　scaling　13, 19, 75–76

支點　fulcrum　128

木企鵝威爾森　Wilson Walkie　141

比例控制　proportional control　182, 219

水力學　hydraulics　106

牛頓運動定律　Newton's Law of Motion　139

五劃

主動觸測　active tactile approach　185

卡門步態　Karman gait　151

卡門渦列　Karman vortex street　149

可撓性　flexibility　161–162, 176, 184

四軸飛行器　quadrotor　164

外骨骼　exoskeleton　126–136

失速　aerodynamic stall　68, 92, 95

失禁　incontinence　229

平衡棍　halteres　177

生物力學　biomechanics　8, 22, 234

生物積垢　biofouling　109, 124

生機論　vitalism　7, 239

六劃

光刻　photolithography　235

全域最佳解　global optimum　15

全球定位系統　global positioning system (GPS)　219

合作（動物間的）　cooperation　17

回饋控制迴路　feedback control loop　178

池塘溜冰者　pond skater　21

老化　aging　34, 233

肋狀溝槽膠帶　riblet tape　109

肌電圖　electromyography (EMG)　151

自我修復　self-healing　203

自潔　self-cleaning　33

自營生物　autotrophs　3

行進波　traveling wave　188

七劃

佛教徒　Buddhists　33

尿液　urine　67–72, 74

尿道　urethra　71–75, 228–229

抗水生物　water–repellent organisms　32–33

抗積垢　anti–fouling　125

攻角　angle of attack　95, 112

材料科學家　material scientists　161

步態（步法）　gait　6, 62–63, 128–129, 139, 145, 151–152, 192, 194–197

決定論　determinism　239

角動量守恆　conservation of angular momentum　143

八劃

奇異點　singularity　173

定比　constant proportion　99

定位　localization　219–220

定速巡航　cruise control　16, 172

帕斯卡橡木桶　Pascal's Barrel　73

拍動器　flapper　116–117, 123

泌尿系統　urinary system　68, 71–72

波場　wave field　23

波驅動（理論）　wave-based propulsion (wave theory)　22

物聯網　internet of things　213

狗兒甩模擬器　wet-dog simulator　2

矽氧樹脂　silicone　112

社群媒體　social media　231, 238

空蝕現象　cavitation　77

肥大細胞　mast cell　97

表面張力　surface tension　14, 18–20, 27, 64

阻力理論　resistive force theory　59

阿茲海默症　Alzheimer's　34

阿基米德原理　Archimedes' law　68

阿基里斯腱　Achilles tendon　126, 132–135, 140

非牛頓流體　non–Newtonian fluid　55, 204–205

九劃

急彎　contragility　112

活流體　active matter　234

流場可視化　flow visualization　24, 119

流變儀　rheometers　204–207

流體力學　fluid mechanics　10, 22, 32, 73, 106, 112–114, 118, 147, 149

流體化　fluidization　57

流體化床　fluidized bed　57

流體–結構交互作用　fluid-structure interaction　96

紅藻膠　carrageenan　48

重力位能　gravitational potential energy　128–139, 140

飛行藝術家（計畫）　Flight artists　238

十劃

俯仰　pitch　116–117, 177, 179

倒擺步態　inverted pendulum gait　128–129

效能　efficiency　9

格里菲斯長度　Griffin length　50

格雷悖論　Gray's Paradox　8

氣流的流線　flow streamlines　104

氣動式　pneumatic　128, 131–132

海洋生物積垢　marine biofouling　109

神經系統　nervous system　16

神經振盪器　neural oscillator　189

納維爾－史托克斯方程式　Navier-Stokes equations　173

胺甲酸乙酯　urethane　184

能量轉換　energy transfer　15

脊椎骨　vertebrae　45

追蹤粒子　tracers　24, 119, 147–148

馬來膠木　Malaysian sapodilla tree　108

馬來樹膠球　gutty　108

骨頭　bones　45, 76, 232

高度冗餘　hyper-redundant　45

高速攝影機　high-speed camera　1, 9, 23, 70, 80, 90, 156, 165, 176, 202, 238

十一劃

假想游泳　fictive swimming　190

剪切　shear　106

動力相似性　dynamic similarity　113

動能　kinetic energy　16, 59, 128−129

動量　momentum　26, 80, 83, 87, 95

動量守恆　conservation of momentum　26

排尿　urination　68−74, 228−229, 附圖 6

排尿定律　Law of Urination　74

梯度　gradient　222

牽引氣流　drafting　147

理論流體力學　theoretical fluid mechanics　106

異氟醚　isoflurane　38

異速生長　allometry　75−76

異速生長尺度　allometric scalings　75

異營生物　heterotrophs　3

第一次世界大戰　World War I　7

終端速度　terminal velocity　88

荷葉　lotus leaf　33

被迫勞動者　forced laborer　12

被動步行　passive dynamic walking　139−146

速比濤泳裝　Speedo swimsuits　114

野獸攝影機　Beast Cam　230

十二劃

復健機器人學　rehabilitation robotics　128

智慧複合微結構製造　smart composite
microstructures (SCM) manufacturing　167

渦流　eddy　101, 112, 172

渦旋　vortex　24−27, 80−83, 96, 119, 149−152, 173, 175

焦耳　joule　130−131

等長收縮　isometric contraction　133

等速生長　isometry　75, 99

裂縫擴張　crack propagation　49

超級電腦 NESCE　supercomputer NESCE　175

超級彈力球　Super Ball　162

開迴路　open loop　62, 167

十三劃

微分控制　derivative control　182

微毛　trichia　21

微流道　microfluidic channel　120

微製程　micro−fabrication　17, 32, 167, 235

搞笑諾貝爾獎　Ig Nobel Prize　67

滑翔　gliding　84−94

滑翔動物　gliders　85−87, 91

瑞香草酚藍　thymol blue　24, 附圖 4

睫毛　eyelashes　97−105

睫毛脫落　madarosis　98

碰撞　collisions　154−162

稠度　consistency　48

節肢彈性蛋白　resilin　160, 162

節點　node　194

經濟大蕭條　Great Depression　141

腹腔鏡微創手術　minimally invasive or laparoscopic
surgery　44

運動學　kinematics　138

過敏　allergy　97

達朗貝爾悖論　d'Alembert's Paradox　106

鼠販　rat man　36

十四劃

實驗水槽（水洞）　flume (water tunnel)　116

對照試驗　control test　117

慣性　inertia　37, 59, 106, 172, 177

漩渦　eddy　80, 95, 148, 149

精神號火星探測車　Mars rover Spirit　60

聚苯乙烯　polystyrene　113

聚葡甘露糖　glucomannan　48

赫恩登紀念碑　Herndon monument　207

十五劃

層流　laminar　148

履帶　tank treads　44, 61

彈性位能　elastic energy　16, 132, 159, 170

彈性相似性　elastic similarity　76

摩擦力　friction　40−42

摩擦力的各向異性　frictional anisotropy 40–41
摩擦係數　friction coefficient 38–40, 44
數位形態學　Digital Morphology 232
數學家　mathematicians 7–8
歐拉挫曲　Euler buckling 28, 76
潛艇　submarine 77–78, 83, 110
褐藻酸鹽　alginate 48
質心　center of mass 128–129, 140, 143
質點影像測速法　particle image velocimetry (PIV) 147
輪腳　whegs 193
駐波　standing wave 194

十六劃
器官再生　organ regeneration 229
壁面定律　law of the wall 106
導片　vane 109
機器人學　robotics 9, 12, 116, 128, 138, 186, 214, 224, 234–236
燃料經濟（性）　fuel economy 10, 15, 43, 118, 146
積垢　fouling 33
積層製造　additive manufacturing 122
靜摩擦係數　coefficient of static friction 39

十七劃
壓力　pressure 73–74
應變計　strain gauge 133
瞬膜　nictitating membrane 104
縮放銑床　pantograph-copy milling machine 113
翼形　airfoil 93, 95
褶皺緩衝區　crumple zone 159–162
趨光性　phototaxis 224
顆粒體物理學　granular physics 54
顆粒體物質　granular materials 54
黏滯性　viscosity 60, 106–107, 113, 205–206

十八劃
雞尾酒會效應　cocktail party effect 220

十九劃
離合器　clutch 133–136, 146
蟻體巢　bivouac 209
邊界層　boundary layer 107–109

二十劃～
罌粟籽　poppy seeds 58, 63–64
蠻力數值模擬　brute-force numerical simulations 100

蔚為奇談！宇宙人的天文百科

主編 高文芳、張祥光

宇宙人召集令！
24 名來自海島的天文學家齊聚一堂
接力暢談宇宙大小事！

最「澎湃」的天文 buffet
這是一本在臺灣從事天文研究、教育工作的專家們共同創作的天文科普書，就像「一家一菜」的宇宙人派對，每位專家都端出自己的拿手好菜，帶給你一場豐盛的知識饗宴。這本書一共有 40 個篇章，每篇各自獨立，彼此呼應，可以隨興挑選感興趣的篇目，再找到彼此相關的主題接續閱讀。

國家圖書館出版品預行編目資料

破解動物忍術：如何水上行走與飛簷走壁？動物運動
與未來的機器人／胡立德(David L.Hu)著；羅亞琪譯.
－－初版一刷.－－臺北市：三民，2020
　　面；　　公分.－－(科學⁺)
　　ISBN 978－957－14－6783－2（平裝）
　　1.科學 2.通俗作品

307.9   108022517

科學⁺

破解動物忍術：
如何水上行走與飛簷走壁？動物運動與未來的機器人

作　　者	胡立德 (David L. Hu)
譯　　者	羅亞琪
審　　訂	紀凱容
責任編輯	紀廷璇
美術編輯	王立涵

發 行 人	劉振強
出 版 者	三民書局股份有限公司
地　　址	臺北市復興北路 386 號 (復北門市)
	臺北市重慶南路一段 61 號 (重南門市)
電　　話	(02)25006600
網　　址	三民網路書店 https://www.sanmin.com.tw

出版日期	初版一刷 2020 年 1 月
書籍編號	S380010
Ｉ Ｓ Ｂ Ｎ	978-957-14-6783-2

How to Walk on Water and Climb up Walls: Animal Movement and the Robots of the Future

Copyright © 2018 by Princeton University Press

Written by David L. Hu

Original English edition published by Princeton University Press

Traditional Chinese copyright © 2020 by San Min Book Co., Ltd.

Published in agreement with Princeton University Press, through Bardon–Chinese Media Agency

All rights reserved. No part of this book may be reproduced or transmitted in any form or by any means, electronic or mechanical, including photocopying, recording or by any information storage and retrieval system, without permission in writing from the Publisher.

三民書局